地球上的 火山峡谷

姜延峰◎编著

在未知领域 我们努力探索
在已知领域 我们重新发现

延边大学出版社

图书在版编目（CIP）数据

地球上的火山峡谷 / 姜延峰编著 . —延吉：延边
大学出版社，2012.4（2021.1 重印）
ISBN 978-7-5634-4700-8

Ⅰ . ①地… Ⅱ . ①姜… Ⅲ . ①火山—青年读物②火山
—少年读物③峡谷—青年读物④峡谷—少年读物
Ⅳ . ① P317-49 ② P931.2-49

中国版本图书馆 CIP 数据核字 (2012) 第 058657 号

地球上的火山峡谷

编　　　著：姜延峰
责 任 编 辑：崔　军
封 面 设 计：映象视觉
出 版 发 行：延边大学出版社
社　　　址：吉林省延吉市公园路 977 号　　邮编：133002
网　　　址：http://www.ydcbs.com　E-mail：ydcbs@ydcbs.com
电　　　话：0433-2732435　传真：0433-2732434
发行部电话：0433-2732442　传真：0433-2733056
印　　　刷：唐山新苑印务有限公司
开　　　本：16K　690×960 毫米
印　　　张：10 印张
字　　　数：120 千字
版　　　次：2012 年 4 月第 1 版
印　　　次：2021 年 1 月第 3 次印刷
书　　　号：ISBN 978-7-5634-4700-8

定　　　价：29.80 元

前言
Foreword

　　火山，对于人们来说，一直都是神秘的。尤其是在古代文化中，火山更是被认为是上帝和神的力量。虽然现在发达的科学知识已经让我们知道了火山运动是地壳作用的结果，但是神秘的火山仍一直吸引着无数喜欢探险的人们，尽管靠近火山是十分危险的。

　　在大多数人的心中，火山爆发向来就是"可怕""恐怖"与"死亡"的代名词。它的愤怒往往会带来不言而喻的灾害，它喷发出大量火山灰、有毒气体、炽热的岩浆，湖底喷发会引起洪水、塌方、泥流、燃烧的气体、冲击波，火山爆发还常常引发地震及海啸。它来的那一刻，惊天动地，连恐怖与死亡都变得微不足道。你不敢想像，更不敢相信，那些看似平静的山峰或许在下一瞬间就会产生不可遏抑的破坏力，这种可怕的事情不是虚幻的，而是真真正正存在的让我们惴惴不安！

　　每当世界上发生大规模火山爆发事件时，你肯定会第一时间看到各类报刊文章和晚间新闻对这种自然灾难加以铺天盖地式的报道，灾害不同，规模不同，而惟一耳熟能详的词汇就是：猛烈、狂暴、恐怖。

　　确实，火山爆发就是这个样子。它从不掩饰它的破坏力，它令人恐惧，可是又充满着魔鬼的诱惑，它魅力的样子，吸引了无数前来观赏的脚步。它爆发后留下的至美景色，让人拍案叫绝。以它为名的火山公园数不尽数。新西兰北岛的汤加里罗火山公园，以层峦叠嶂的群山和地热奇景著称于世；哥斯达黎加的博阿斯火山是世界上最大的喷泉火山，是圣约瑟附近最著名的火山游览区。此外，在火山口形成的时刻沸腾熔岩湖更是夺去了众人的目光，那里景色奇幻，拥有着惊心动魄的美！每当火山爆发，岛上居民和旅游者都会争先恐后前来观赏。

　　与火山的狂暴、灾害形成鲜明对比的是温润、平和、风景秀丽的峡谷。人们常说："看山水的灵动，最好不过峡谷游"。

　　在世界各国的大峡谷中，没有任何一个峡谷比雅鲁藏布大峡谷更长、更深，也没有哪个地方比它更加丰富多彩。它是世界上峡谷之最，被誉为"人类最后的秘境"，多少年来不断有人尝试掀开雅鲁藏布大峡谷的神秘面纱，却始终无法完整的领略它的魅力。其次就是美国的科罗拉多大峡谷，它位于美国亚利桑那州西北部科罗拉多河中游、科罗拉多高原的西南部。大峡谷的地质特征很明显，可以说是一部活的地质百科全书，早在 1857 年，美国地质学家、探险家约翰·纽百利就曾考察过此地，当时他感慨道："据我们所知，地球上没有任何地方像大峡谷这样，展示给我们这么多地质结构的秘密。"世界陆地上最长的裂谷带非东非大裂谷莫属了，当乘飞机越过浩翰的印度洋，进入东非大陆的赤道上空时，从机窗向下俯视，地面上有一条硕大无朋的"刀痕"呈现在眼前，顿时让人产生一种惊异而神奇的感觉，这就是著名的"东非大裂谷"。这条大裂谷的长度相当于地球周长的 1/6，气势宏伟，景色壮观，是世界上最大的裂谷带，有人形象的将其称为"地球表皮上的一条大伤痕"，古往今来，神秘的东非大裂谷，不知吸引了多少人前去参观考察。当然，世界上最美丽的峡谷远不止这些，我们都会在书中为您详细的讲述。

　　为了让广大的青少年更好的了解世界各国的火山和峡谷，我们组织编写了这本《地球上的火山峡谷》，并希望能引导一部分人树立起对火山的正确认识，在感受峡谷之美的同时，增强保护峡谷生态环境的意识。

目录
CONTENTS

第①章
火山峡谷概述

火山带 …………………………………… 2
破火山口 ………………………………… 6
火山喷发类型 …………………………… 8
峡谷概述 ………………………………… 11
海底峡谷 ………………………………… 13
海底火山 ………………………………… 15

第②章
世界各地的火山大观

黄石公园超级火山——全球超级
　火山之首 ……………………………… 18
埃特纳火山——欧洲最高的火山 ……… 23
鲁伊斯火山——爆发的灾难 …………… 28
乞力马扎罗火山——光明之山 ………… 31
富士山火山——日本的休眠火山 ……… 36
冰岛火山——冰火之城 ………………… 40
大屯火山——群蝶飞舞 ………………… 44
婆罗摩火山——神奇奥妙的火山 ……… 48
海克拉火山——地狱之门 ……………… 51
圣海伦斯火山——美国的富士山 ……… 54
伊苏尔火山——世界上最可亲近的
　活火山 ………………………………… 57

波波卡特佩特火山——冒烟的山 ·············· 61

镜泊湖火山——火山口原始林带 ·············· 64

阿空加瓜火山——世界上海拔最高的火山 ········ 68

坦博拉火山——影响全球的火山喷发 ·········· 70

冒纳罗亚火山——世界体积最大的火山 ········ 72

樱岛火山——让人又爱又恨的火山 ············ 74

维苏威火山——欧洲最危险的火山 ············ 77

尼拉贡戈火山——最致命的一座火山 ·········· 81

伊拉苏火山——最美的火山 ················ 84

雁荡山——古火山立体模型 ················ 86

帕里库廷火山——最年轻的火山 ·············· 90

第③章
世界各地的峡谷大观

雅鲁藏布大峡谷——地球上最深的峡谷 ·········· 94

科罗拉多大峡谷——令人震撼的奇迹 ·········· 98

东非大裂谷——地球最大的伤疤 ·············· 102

科尔卡大峡谷——旅游圣地 ················ 106

怒江大峡谷——最美丽的世外桃源 ············ 109

金沙江虎跳峡——中国最深的峡谷 ············ 113

约旦峡谷——基督教徒的圣地 ·············· 118

韦尔东峡谷——欧洲第一大峡谷 ·············· 121

布赖斯峡谷——大地最永久秘密 ·············· 125

太行山大峡谷——"北雄风光"的典型代表 ······ 127

卢森堡佩特罗斯大峡谷——硝烟四起的佐证 … 132

澜沧江梅里大峡谷——中国最美的大峡谷 …… 135

天山库车大峡谷——怒放的火焰 ……………… 138

太鲁阁大峡谷——宝岛的三峡 ………………… 142

大渡河金口大峡谷——鲜为人知的美景 ……… 146

长江三峡——举世无双的大峡谷 ……………… 150

火

山峡谷概述

HUOSHANXIAGUGAISHU

第一章

火山带

Huo Shan Dai

火山活动的地区称为火山带。火山的活动与地壳断裂带、新构造运动的强烈带或板块构造边缘软弱带有关，常呈有规律的带状分布。世界上有 4 个主要火山带，分别是环太平洋火山带，地中海火山带，大西洋中脊火山带，东非火山带。

◎环太平洋火山带

环太平洋火山带又称环太平洋带、环太平洋地震带或火环。这是一个围绕太平洋经常发生地震和火山爆发的地区，南起南美洲的科迪勒拉山脉，转向西北的阿留申群岛、堪察加半岛，向西南延续的是千岛群岛、日本列岛、琉球群岛、台湾岛、菲律宾群岛以及印度尼西亚群岛，全长40，000千米，呈马蹄形。环太平洋火山带上有一连串海沟、列岛和火山，板块移动剧烈。环太平洋火山带共有活火山 512 座，而且活动频繁，主要发生在北美、堪察加半岛、日本、菲律宾和印度尼西亚。印度尼西亚被称

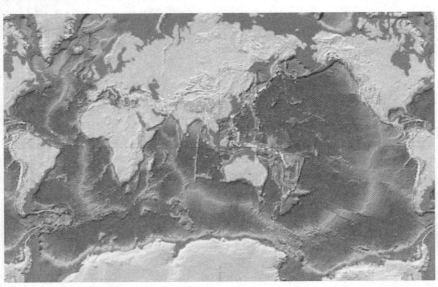

※ 环太平洋火山带分布图

地球上的火山峡谷

为"火山之国",南部包括苏门答腊。爪哇诸岛构成的弧—海沟系,火山近400座,其中129座是活火山,仅1966~1970这五年间,就有22座火山喷发,此外,海底火山喷发也经常发生,致使一些新的火山岛屿露出海面。据历史资料记载,地球上90%的地震都在环太平洋这一火山带发生。

◎地中海火山带

地中海火山带又称阿尔卑斯——喜马拉雅火山带,横贯欧亚大陆南部(西起伊比利亚半岛,经意大利、希腊、土耳其、伊朗,东至喜马拉雅山脉,南折至孟加拉湾,与太平洋火山带相汇合),已知的有94座活火山分布于此带上,占世界活火山总数的18%。

◎大西洋中脊火山带

大洋中脊火山带火山的分布也是不均匀的,多集中于大西洋裂谷,北起格陵兰岛,经冰岛、亚速尔群岛至佛得角群岛,该段长达万余千米,海岭由玄武岩组成,是沿大洋裂谷火山喷发的产物。由于火山多为海底喷发,不易被人们发现,据有关资料记载,大西洋中脊仅有60余座活火山。冰岛位于大西洋中脊,冰岛上的火山我们可以直接观察到。冰岛共有火山200~300座,其中40~50座为活火山。早在公元10世纪,冰岛就经历

※ 冰岛火山

了有史料记载的第一次火山爆发。据地质学家1960年统计，在近一千年内，大约发生了200多次火山喷发，平均五年喷发一次。"火山是冰岛人生活的一部分，这就是现实。"冰岛驻华使馆的阿克塞参赞无可奈何的说。

◎东非裂谷火山带

※ 肯尼亚山火山

东非裂谷是地球上最大裂谷带，据统计，非洲有活火山30余座，多分布在裂谷的断裂附近，有的也分布在裂谷边缘百千米以外，如肯尼亚山、乞力马扎罗山和埃尔贡山，它们的喷发同裂谷活动也密切相关。

※ 腾冲火山群

▶ 知 识 窗

据不完全统计，我国新生代以来有120个火山群，火山千余座，大抵可分为7个火山带。

1. 台湾火山带：由赤尾屿、黄尾屿、钓鱼岛经台湾岛至火烧岛、兰屿一带，形成长达690千米的火山岛弧，再向西南与南海海盆火山区相连。共有14个火山群，70余座火山。

2. 长白山——庐江火山带：沿依兰—伊通断裂及其以东的张广才岭、长白山和渤海以南的郯庐断裂带呈北东向分布，长2200千米，宽200余千米，分布41个火山群，549座火山。其中有著名的镜泊湖、长白山和龙冈火山群。

3. 福鼎——海南岛火山带：分布于东南沿海大陆边缘地区，长1200千米，其中有4个火山群，101座火山。

4. 大兴安岭——太行山火山带：起黑龙江省呼玛，南至河南省汝阳，长约2500千米，宽200余千米，分布有28个火山群，300余座火山。著名的有大同火山群和达莱偌尔火山群。

5. 小兴安岭火山带：西南麓有9个火山群，西端有2个火山群，60余座火山，平行于山脉分布，小兴安岭西南麓近山脉分布的有门鲁河火山群、科洛火山群和五大连池火山群。外侧是嫩江的尖山、德都的莲花山、克山的尖山、克东的二克山、绥棱的阁山和庆安的疙瘩山火山群。

6. 西昆仑山——可可西里山火山带：沿西昆仑山——可可西里山南麓呈东西向分布，西起班公湖，东到胃都一带。长约1300千米，宽200余千米，有12个火山群，64座火山。

7. 冈底斯山——腾冲火山带：由冈底斯山向东经雅鲁藏布江，沿澜沧江至腾冲，长约2200千米、宽约150千米。目前仅发现3个火山群，48座火山。此外，还有伊宁和独山子火山群沿天山北侧呈东西向分布。

拓展思考

1. 在这几个火山带上，分别有哪些著名的火山？
2. 四大火山带有什么分布规律？

破火山口

Po Huo Shan Kou

破火山口是火山的专有名词，它是一种在火山顶部直径大于约 1.6 千米的圆形凹陷。破火山口通常是由于火山锥顶部（或一群火山锥）因失去地下熔岩的支撑崩塌形成的，也有一些是因为火山浅部岩浆囊喷发而形成的，是一种比较特殊的火山口。

※ 圆形的破火山口

◎破火山口的分类

破火山口按形成原因，可分成三类：

沉降式破火山口：单纯因沉降形成的破火山口。

喷发式破火山口：单纯因喷发造成的破火山口。

复合式破火山口：由喷发后沉降所产生的破火山口。

◎破火山口的成因

　　破火山口的面积较大，直径通常达到数千米甚至几十千米；据最新研究显示，陷落才是破火山口形成的主因。无论火山的形状如何，破火山口最初的形成原因全都是由喷发作用开始，大量喷发之后导致火山锥底部空壅，

※ 阿苏山火山口

引起火山锥顶陷落使得火山喷发口扩大，进而造成火山口的范围更加扩增，因此许多破火山口都是先医喷发作用，而后由陷落导致的双重作用所形成。因此有学者认为此说法应该称作"爆发陷落说"；另有少数破火山口可能是单纯因沉降作用而戓，在此沉降发生的前后并未伴随喷发作用，例如，夏威夷群岛上的莫纳各亚火山口及吉劳亚火山口，均是纯粹因为岩浆柱往下方沉降导致上层陷落而造戓，因此火山口周围通常会发现断层崖壁，并且逐渐层移使火山口周围的崖壁陷落并扩大，之后就形成大型的破火山口。火山猛烈的喷发除了形成破火山口外，还会使火山的高度大大降低。

知 识 窗

　　日本九州阿苏山破火山口是世界上最大的破火山口。破火山口略呈椭圆形，南北长24千米，东西宽18千米，面积250平方千米。在大火山口内有10余个喷火口（故又称复式火山），并形成中央火口丘群，其中以高岳、根子岳、乌帽子岳、中岳和杵岛岳最有名，称之为阿苏五岳。高岳最高，海拔1592米。中岳仍有火山活动。由于拥有丰富的火山资源，在阿苏山附近亦形成了垂玉、地狱、阿苏、汤之谷等许多温泉乡，其中阿苏内牧温泉更因为拥有100个以上的泉眼而成为阿苏山地区最大的温泉乡。每到秋冬，慕名而来的人们都会在硫磺味中感受火山温泉的神奇。

拓展思考

　　1. 你知道哪些著名的破火山口？
　　2. 关于火山还有哪些专有名词？

火山喷发类型

Huo Shan Pen Fa Lei Xing

火山爆发是一种奇特的地质现象，也是自然界最骇人的景象之一。无论是猛烈爆炸的山顶，还是流溢成河的熔岩，无不令人望而生畏。火山喷发是地球内部热能在地表的一种最强烈的显示，是岩浆等喷出物在短时间内从火山口向地表的释放。由于岩浆中含大量挥发分，加之上覆岩层的围压，使这些挥发分溶解在岩浆中无法溢出，当岩浆上升靠近地表时，压力减小，挥发分急剧被释放出来，于是形成火山喷发。由于各火山岩浆成分的不同，火山喷发的方式也不一样。以下是几种常见的喷发方式：

◎裂隙式喷发

岩浆通过地壳中巨大裂缝溢出地表，称为裂隙式喷发。这类喷发没有强烈的爆炸现象，喷出物多为基性玄武岩熔浆，冷凝后形成厚度相当稳定、覆盖面积很大的熔岩被，火山碎屑物较少。如分布于中国西南川、滇、黔三省交界地区的二叠纪峨

※ 裂隙式喷发

眉山玄武岩和河北张家口以北的第三纪汉诺坝玄武岩都属裂隙式喷发。现代裂隙式喷发在大陆上不多见，主要分布于大洋底的洋中脊处，而冰岛正好位于大西洋中脊之上，所以在冰岛当前还能看到裂隙式喷发活动，因此这种喷发类型又称为冰岛式喷发类型。裂隙式喷发多见于大洋底部，是海底扩张原因之一。

◎中心式喷发

地下岩浆通过管状火山通道喷出地表，称为中心式喷发。这种喷发熔岩覆盖面积较小，是现代火山活动最主要的类型。按照喷发的剧烈程度又

可细分为三种：

1. 宁静式喷发型：火山喷发时，以基性熔浆（玄武岩）喷发为主，熔浆温度较高，气体较少，不爆炸，只有大量炽热的熔岩从火山口宁静溢出，顺着山坡缓缓流动，好象煮沸了的米汤从饭锅里沸泻出来一样。因此常常形成底座很大、坡度平缓的盾形火山锥，夏威夷诸火山为其代表，故又称为夏威夷型喷发。这类火山对人们不会造成伤害，人们可以尽情地欣赏它喷发时的美丽。

※ 宁静式喷发型

2. 爆烈式：火山爆发时，以中酸性熔浆喷发为主，含气体多，爆炸力强，爆炸的同时还会喷出大量的气体和火山碎屑物质。属于这类喷发的火山很多，如意大利维苏威火山、印度尼西亚喀拉喀托火山、西印度群岛培雷火山等。1902 年 12 月 16 日，西印度群岛的培雷火山爆发震撼了整个世界。它喷出的岩浆粘稠，同时喷出大量浮石和炽热的火山灰。这次喷发造成 26000 人死亡。培雷火山的喷发就属于爆烈式喷发。因为 1902 年培雷火山喷发造成了巨大的损失，因此，爆烈式喷发也称为培雷式喷发。

※ 西亚喀拉喀托火山爆烈式喷发

3. 中间式：属于宁静式和爆烈式喷发之间的过渡型。此种类型以中、基性熔浆喷发为主，并有一定的爆炸力，但爆炸力并不是很大。火山爆发时可以把未凝固的熔岩抛上空中，并旋转形成纺锤形或螺旋形火山弹，但因爆炸力小，一般没有火山灰。这种喷发时间持续时间比较长，可以连续几个月，甚至几年，长期平稳地喷发，并以伴有间歇性的爆发为特征。以靠近意大

※ 斯特龙博利火山喷发

利西海岸利帕里群岛上的斯特朗博得火山为代表。斯特龙博利火山（926米）位于意大利西西里岛北部利帕里群岛中，火山锥较陡。熔岩偏基性，一次喷发完后，堵塞在火山管中的熔岩还未凝固，下面又聚集了大量气体，冲开火山管中的熔岩再次爆发，大约每隔 2～3 分钟就喷发一次。夜间在 50 千米以外仍可见火山喷发的光焰，故有"地中海的灯塔"之称。有一些地质学家认为我国黑龙江省的五大连池火山属于这种类型。

▶ 知识窗

·火山活动的形式·

首先，火山喷发强度主要决定于岩浆的成分，基性岩浆以宁静式喷发为主，酸性岩浆以爆烈式喷发为主。但由于地下岩浆以及外界条件随着时间发展而变化，所以，火山的喷发形式也会随之变化。

其次，判断火山活动类型的重要依据就是火山碎屑物的有无和多少。一般把火山碎屑物数量与全部火山喷出物数量之比，叫做爆炸指数（E）。E 值越大，表示爆炸性越高；反之，则越低。因此，凡是有大量火山碎屑物特别是火山灰的火山，都是爆烈式火山；相反，只有熔岩流而含有少量或几乎没有火山碎屑物者，大多是宁静式火山。

拓展思考

1. 火山需要哪些条件？
2. 怎样判断火山喷发属于哪种形式？

峡谷概述

Xia Gu Gai Shu

峡谷是一条狭而深的河谷。峡谷的两坡大多陡峭，是由于新构造运动抬升，流水冰川下蚀（切割）作用而形成的谷地狭深、两壁陡峭的地质景观。峡谷也可能出现于亢蚀力强且两坡陡峭耸立的岩石上，或者是降雨极稀少导致两坡的风化后退只能缓慢进行的地方。峡谷按断面形态，可分为嶂谷、V型谷、"一线天"等各种类型。

◎峡谷的开发与研究

峡谷有特殊的形成原因，有着丰富的资源，包括水力资源、生态环境资源和旅游资源等。峡谷景观具有美学特征，也具有观光和科学文化旅游价值，峡谷旅游资源在中国风景名胜区中占有重要位置，全球国家级风景名胜区中有峡谷的景区占一半以上，峡谷旅游一直以来是大多数人的旅游首选。

◎中国著名的峡谷

要论中国最著名的峡谷，非雅鲁藏布江大峡谷莫属，它是世界上最大的峡谷。1998年10月，我国正式批准将这一世界最大峡谷科学地定名为雅鲁藏布江大峡谷。

其次是金沙江虎跳峡，金沙江在其蜿蜒曲折的流程中，给人一种秀美温柔的滋润的感觉，所以人们将其传说成一位美丽的姑娘。这"美丽的姑娘"还在中甸东南部的哈巴雪山与丽江西北部的玉龙雪山之间造下了一个惊天动地的景观：虎跳峡。

第三是叶巴滩大峡谷，叶巴滩位于四川省甘孜州白玉县，是一个跌水群。1986年，装备精良的美国人在此失败，也是中国长漂队队员首次牺牲的地方。峡谷深长，怪石嶙峋，江水汹涌堪称世界一绝。

第四是天山库车大峡谷，库车大峡谷是一个维吾尔族的年轻牧羊人在1999年盛夏放牧时发现的，是中国罕见的旱地自然名胜风景区。由红褐色的巨大山体群组成，维吾尔语称"克孜利亚"（红色的山崖），实为亿万年风雨剥蚀、山洪冲刷而成。大峡谷近似呈南北弧形走向，开口处稍弯向东南，末端微向东北弯曲，由主谷和七条支谷组成，全长5000多米，谷端至谷口处自然落差200米以上，峡谷深一般150米到200米，谷底最宽53米，最窄处0.4米，呈典型的地缝式隘谷，仅容一人低头弯躯侧身通过。

第五是澜沧江大峡谷，云南澜沧江大峡谷位于云南德钦县境内，北起佛山乡，南至燕门乡，长150千米。峡谷不仅以谷深及长闻名，还以江流湍急而著称。冬日清澈而流急，夏季混浊而澎湃，该江年径流量8.38亿立方米，在150千米的流程里落差为504米。狭窄江面狂涛击岸，水声如雷，十分壮观。如此陡峭的高山纵谷地形，如此奇异绝妙的地理构造，可谓是大自然的奇观。

> **知识窗**
>
> 雄、奇、秀、险、幽，在每一个峡谷段均可得到体现。雄主要表现为高山深谷，奇主要体现在奇峰怪石，秀则为山美水美，险为惊涛险滩和悬崖陡壁，幽则是曲折隐深。正因为峡谷景观具有观赏性和科学文化价值，有些还具有历史文化价值，所以很早就被用于旅游开发，作为重要的旅游景观，无论中外都将峡谷景观作为重点来开发。

拓展思考

1. 峡谷有哪些开发利用价值？
2. 国外有哪些风景秀丽的大峡谷？

海底峡谷

Hai Di Xia Gu

如果有幸乘潜水器来到海底，你会惊讶地发现从大陆架沿大陆的斜坡散布着一道道裂谷，跟陆地上的峡谷类似，这就是海底峡谷，又称水下峡谷。这种峡谷蜿蜒弯曲，有支谷汊道，谷底向下倾斜，往往从浅海防架或陆坡上部一直延伸到水深 2000 米以上的陆坡麓部。白令峡谷全长 440 千米，是最长的海底峡谷。巴哈马峡谷谷壁高差达 4400 米，陆上的大峡谷与它相比，就元异是小巫见大巫了。它的规模比陆地上穿过山脉的山涧峡谷还要壮观。

海底的谷地同陆地上的峡谷都是多方面原因形成的。因此并不是每种海谷都能称为海底峡谷。海底峡谷的横剖面呈 V 或 U 形。

※ 海底峡谷

谷壁险峻且带有阶梯状陡坎，谷底有小盆地及高低不等的横脊，大多数峡谷蜿蜒带有分支，谷壁上有大量岩石显露，大多数峡谷都切割在花岗岩层或玄武岩层中，只有少数是直线形轮廓。

少数海底峡谷延伸至大陆架与河流相连接，具有河谷的特征。它的形成主要依靠构造因素与海底浊流的侵蚀作用。大陆坡的海底是地壳最活跃的地带，在形成大陆坡的过程中，有阶梯状断裂以及垂直大陆坡走向的纵向断裂所构成海底峡谷而出现的一系列雏形，之后经过浊流及海底滑坡的修饰改造，就形成了现在的模样。

常有许多支谷汇入海底峡谷，使其呈树枝状，偶尔也有基岩露头。大多数谷壁高出谷底数百以至上千米。海底峡谷最长的达 320 千米以上，不过一般都小于 48 千米，延伸到大陆坡最陡部分的坡麓以外。有的海底峡谷宽度与深度相等。切割最深的海底峡谷——巴哈马峡谷，其谷壁高差达4400 米，是陆上的大峡谷难以相比的。海底峡谷的谷底坡降比陆上峡谷要大，平均约为每千米 57 米。许多海底峡谷近岸谷首的坡度很大，有时达 45°。据潜水舱在一个海底峡谷中的 2100 米以下深度观察，多见直立、甚至垂悬的谷壁；谷壁常有沟槽或磨光面，宛如被冰川所研磨；谷底常覆盖大砾石或其他粗粒沉积，局部地方基岩裸露；据遥控摄影，有些地方在3 千米以下尚有波痕。

从物理特征来讲，海底峡谷分为以下四种类型。

1. 海底扇形谷

这种类型的峡谷谷口向外扩张，主要组成部分是海底沉积物。沉积多为扇面形，在许多情况下，是海底峡谷谷底的延伸。扇形谷的另一特征是谷壁两侧陡峻，高度约为 200 米。

2. 陆架沟渠

陆架沟渠是一种穿过大陆架的较浅的谷地，它们的谷壁高度很少超过183 米，而且沟渠多分布在一些大陆架边缘的盆地处。实际上，这种陆架沟渠在海洋底部的存在并不普遍。科学家们发现比较典型的有纽约海岸外的哈得逊沟渠、英吉利海峡中的赫德海沟、爱尔兰海中的圣乔治沟渠等。

知识窗

海底峡谷几乎在全世界所有的大陆坡都有分布。但在倾角小于 1°的平缓陆坡，以及有大陆边缘地、海台或堡礁与陆架隔开的陆坡上，海底峡谷比较罕见。有些海底峡谷与陆上河谷（或古河谷）相邻接，但也有不少海底峡谷，尚未发现与陆上河谷有任何联系。

拓展思考

1. 海底峡谷这个概念是谁先提出来的？
2. 海底峡谷与陆地上的峡谷有什么区别？

海底火山

Hai Di Huo Shan

陆地上有火山，海洋里也有火山。所谓海底火山，就是形成于浅海和大洋底部的各种火山。包括死火山和活火山。地球上的火山活动主要集中在板块边界处，而海底火山大多分布于大洋中脊与大洋边缘的岛弧处。板块内部有时也有一些火山活动，但数量非常少。海底火山喷发时，在水较浅、水压力不大的情况下，常有壮观的爆炸，这种爆炸性的海底火山在爆发时，会产生大量的气体，主要是来自地球深部的水蒸气、二氧化碳及一些挥发性物质，还有大量火山碎屑物质及炽热的熔岩喷出，在空中冷凝为火山灰、火山弹、火山碎屑。

◎海底火山分类

海底火山可分 3 类，即边缘火山、洋脊火山和洋盆火山，它们在地理分布、岩性和成因上都有显著的差异。

1. 边缘火山。沿大洋边缘的板块俯冲边界，展布着弧状的火山链。它是岛弧的主要组成单元，与深海沟、地震带及重力异常带伴随出现。

2. 洋脊火山。大洋中脊是玄武质新洋壳生长的地方，海底火山与火山岛顺中脊的走动方向成串出现。据估计全球约 80% 的火山岩产自大洋中脊，中央裂谷内遍布着在海水中迅速冷凝而成的枕状熔岩。中脊处的大洋玄武岩是标准的拉斑玄武岩。这种拉斑玄武岩是岩浆沿中脊裂隙上升喷发而生成的产物，它组成了广大的洋底岩石的主体。

3. 洋盆火山。散布于深洋底的各种海山，包括平顶海山和孤立的大洋岛等，是属于大洋板块内部的火山。

◎海底火山与造岛

海底火山喷发的时候，会出现空中冷凝而成的火山灰和火山弹以及火山碎屑等。曾经地中海就是利用火山灰而有了"火山岛"的现象出现了。

1963 年 11 月 15 日，在北大西洋冰岛以南 32 千米处，海面下 130 米的地方，突然爆发了海底火山，喷出的火山灰和水汽柱高达数百米，在喷发高潮时，火山灰烟尘被冲到几千米的高空。

经过一天一夜，到 11 月 16 日，人们发现从海里突然长出一个小岛。

人们目测了小岛的大小，高约 40 米，长约 550 米。海面的波浪不能容忍新出现的小岛，拍打冲走了许多堆积在小岛附近的火山灰和多孔的泡沫石，人们担心小岛会被海浪吞掉。但火山在不停地喷发，熔岩如注般地涌出，小岛不但没有消失，反而在不断地扩大长高，经过一年的时间，到1964 年 11 月底，新生的火山岛已经长到海拔 170 米高，1700 米长了，这就是苏尔特塞岛。两年之后，1966 年 8 月 19 日，这座火山再度喷发，水汽柱、熔岩沿火山口冲出，高达数百米，喷发断断续续，直到 1967 年 5月 5 日才告一段落。这期间，小岛也趁机发育成长，成长快的时候每昼夜竟增加面积 4000 平方米，火山每小时喷出熔岩约 18 万吨。

◎海底火山的分布

海底火山的分布相当广泛，大洋底散布的许多圆锥山都是它们的杰作，火山喷发后留下的山体都是圆锥形状。据统计，全世界共有海底火山约 2 万多座，太平洋就拥有一半以上。这些火山中有的已经衰老死亡，有的正处在年轻活跃时期，有的则在休眠，不定什么时候苏醒又"东山再起"。

现有的活火山，除少量零散在大洋盆外，绝大部分在岛弧、中央海岭的断裂带上，呈带状分布，统称海底火山带。太平洋周围的地震火山，释放的能量约占全球的 80%。海底火山，死的也好，活的也好，统称为海山。海山的个头有大有小，1～2 千米高的小海山最多，超过 5 千米高的海山就少得多了，露出海面的海山（海岛）更是屈指可数。

美国的夏威夷岛就是海底火山的功劳。它拥有 1 万多平方千米的面积，上有居民 10 万余众，气候湿润，森林茂密，土地肥沃，盛产甘蔗与咖啡，山清水秀，有良港与机场，是旅游的胜地。夏威夷岛上至今还留有 5 个盾状火山，其中冒纳罗亚火山海拔 4170 米，它的大喷火口直径达 5000 米，常有红色熔岩流出。1950 年曾经大规模地喷发过，是世界上著名的活火山。

▶ 知识窗

海底火山在喷发时，起初只是沿洋底裂谷溢出的熔岩流，以后逐渐向上增高。大部分海底火山喷发的岩浆在到达海面之前就被海水冷却，不再活动了。所以，人们从来没有真正看到过海底火山爆发的景象。至多，只是看到海底的熔岩泉不断冒出新的岩浆而形成新的火成岩。

拓展思考

1. 我国的海底火山分布状况如何？
2. 最著名的海底火山有哪些？

第二章

SHIJIEGEDIDEHUOSHANDAGUAN

世界各地的火山大观

　　火山爆发向来就是"可怕""恐怖"与"死亡"的代名词。火山一旦爆发往往会带来巨大的灾害，它喷发出大量火山灰、有毒气体、炽热的岩浆，湖底喷发会引起洪水、塌方、泥流、燃烧的气体、冲击波，火山爆发还常常引发地震以及海啸。在爆发的那一瞬间，惊天动地，连恐怖与死亡都变得微不足道。它常常在某个平静的夜晚来临，它常常让人不明所以就直接面对死亡，它就是如此巨大，如此震撼。

黄石公园超级火山—— 全球超级火山之首

Huang Shi Gong Yuan Chao Ji Huo Shan—— Quan Qiu Chao Ji Huo Shan Zhi Shou

黄石超级火山是世界上最著名的，也是最大的活火山，位于美国中西部怀俄明州西北角的黄石国家公园，占地面积近 9000 平方千米。据科学家分析，黄石火山或许已经进入了活跃期，黄石超级火山作为目前惟一位于大陆上的活超级火山，其威力无法估量。普通的火山喷出数百万立方米的火山灰和碎屑，而超级火山则是数十亿立方米。一般火山喷出的火山灰可能覆盖整个州，而超级火山一旦爆发，却能埋没半个美国。所以，一旦美国黄石公园地下的超级火山爆发，将会给人类带来灭顶之灾。

◎公园异常频现令人担忧

火山在喷发之前通常都有一些预兆，而早在数年前，黄石公园内的异

※ 黄石公园地底热能出现异常现象

常情况就已经有所表现。从 2004 年开始，黄石公园内巨大休眠火山的高度一直在以惊人的速度向上抬升，特别是 2009 年以来，超级火山口底部的海拔高度正在以平均每年 7.62 厘米的速度上升，创下了自 1923 年以来的最快纪录。2009 年 7 月 23 日，美国政府突然对外宣布，关闭黄石公园内的一部分区域，当时相关部门给出的解释是地底的热能出现了异常现象，由于担心或许发生不可预知的溢出物会对游客造成伤害，带来不必要的损失，所以对一些地区进行了关闭。之后美国地质勘探局的一份内部报告称，科学家已经在黄石公园内安装了地震监测网络，全球定位系统接收仪和高灵敏测热液温度器等仪器，全然一副高度戒备的场面。再后来，美国《丹佛邮报》也有了相关的报道：美国地质学家利兹在黄石湖的湖床底部发现了一个高约 30 米，直径 600 多米的巨型隆起。这一报道，更是引起了很多相关部门的担忧。

值得一提的是，2010 年，在冰岛亚菲亚德拉冰盖火山爆发以后，日本东京大学地震研究所对这次火山的爆发做了调查研究，结果显示，冰岛火山在喷发前曾出现过一些"征兆"：火山口周边地区的地表在喷发前隆起了约 20 厘米，而该火山口东北地区更大规模的隆起约为 70 厘米，这一现象与《丹佛邮报》报道的黄石公园内的异常情况惊人相似。美国犹他州大学研究黄石公园火山活动的专家鲍勃·史密斯表示，由于黄石火山覆盖面积巨大而且上升幅度很高，这种现象的确非常引人关注。

◎超级火山已经进入了活跃期

经过对黄石火山的研究，专家们推测，黄石公园所在地区在过去曾发生过多次地震和火山爆发，其中规模巨大的火山爆发共发生过三次。在 64 万年前最猛烈的一次火山爆发后，这座超级火山还曾有过 30 多次小的喷发，最近的一次喷发发生在 7 万年前。一些零散的勘探资料表明，最近一次爆发所喷发出来的物质覆盖了约 9000 平方千米的区域，厚度达到了惊人的 1500 米，最终形成了黄石公园现在所处的这片海拔超过 2000 米的熔岩高原。如果你去黄石公园参观游览，三处凝灰岩是黄石国家公园千万不可错过的胜景，这三处岩层分别在距今大约 210 万年前、130 万年前和 64 万年前形成，由黄石公园内发生的三次火山大爆发产生的火山灰堆积而成，每年吸引了成千上万的游客前来黄石国家公园参观。位于华盛顿州卡斯卡德火山观察站美国地质调查局的黄石专家丹先生曾说道："在地壳外壳一定也有很多岩浆，不然我们就不会发现有这么多热液活动。现在黄石有大量的热量外出，如果不是被岩浆再加热，那么自上一次 7 万年前的

地球上的火山峡谷

※ 黄石火山已经进入了喷发周期

爆发以来，整个系统早该像岩石一样冰冷。"科学家们预测，隐藏在黄石公园地下的世界上最大规模"超级火山"的喷发时间间隔约为 60～80 万年，至今距离上次喷发时间已经有 64.2 万年了，这座世界上最大的超级活火山已经进入了红色预警状态，就算在不受外力（指太阳活动以及人工钻探）的情况下它也随时都可能喷发。换言之，这座超级火山目前或许已经进入了喷发活跃期。

◎一旦爆发后果无法想象

虽然黄石超级火山在近期内喷发的可能性不大。但有一点是可以肯定的，超级火山喷发一定会发生，任何现有的科技都无法阻止火山爆发。假如黄石火山喷发，美国是否能劫后余生？

答案是：在黄石超级火山喷发之后，美国将很难生存，不但是美国，甚至整个人类都会受到它的影响。

超级火山一旦喷发，它所产生的威力将会是 1980 年圣海伦斯火山喷发的一千倍，足以毁灭地球上大部分生物。仅喷发出的岩浆可能就足以埋没大半个美国。而火山喷发给人类带来的后果远非如此简单，接踵而至的火山灰等物质会笼罩全球，地球上的植物将受到酸雨等物质的侵害消失殆尽，人类在这种情况下将在一片阴暗中走向毁灭。

英国科学家曾用计算机对黄石火山的爆发进行了模拟实验，实验结果显示：火山在爆发后的 3～4 天内，将会有大量的火山灰到达欧洲大陆，

※ 火山喷发的脚步越来越近

而美国 3/4 的国土可能将"改头换面"，火山爆发使方圆 1000 千米内 90％的人都无法幸免于难，大部分人将会因为吸入的火山灰在肺部固化而死亡；航空交通瘫痪，数百万计居民将会无家可归；而火山灰飘荡在天空将会使地球的年平均气温下降 10℃，

※ 黄石国家公园景观

北极地球则会下降 12℃，并且这样的寒冷气候至少会持续 6～10 年之久，甚至更久。

更可怕的是，如果超级火山一旦爆发，就目前人类掌握的最高科技来看，还没有真正有效的应对方法。

美国黄石国家公园地下潜藏着如此巨大的威胁，未来几百年内，黄石公园都将受到严格的日夜监视。科学家面临的挑战则是提前做好准备，确定下一次火山喷发将在何时发生，并做好有效的防范措施。

美国黄石国家公园，简称黄石公园。它于1872年确立，这是世界上第一座国家公园。黄石公园的大部分在美国怀俄明州境内，并向西北方向一直延伸到爱达荷州和蒙大拿州，总面积为8956平方千米。1978年黄石公园被列为世界自然遗产，它被美国人自豪地称为"地球上最独一无二的神奇乐园"。黄石公园它那由水与火锤炼而成的大地原始景观，被人们称为"地球表面上最精彩、最壮观的美景"，描述成"已超乎人类艺术所能达到的极限"。

在20世纪初，曾经有一位探险家这样描述黄石公园："在不同的国家里，无论风光、植被有多大的差异，但大地母亲总是那样熟悉、亲切、永恒不变。可是在这里，大地的变化太大了，仿佛这是一片属于另一个世界的地方。……地球仿佛在这里考验着自己无穷无尽的创造力。"的确，来到黄石公园的游客们不止可以看到间歇喷泉、热温泉，还能够看到峡谷和森林的美丽景色，在一个地区中就能拥有种类丰富的各种地理、自然、动物景观，这是举世罕见的。

| 拓展思考 |

1. 在我们国家有哪些火山？
2. 如果黄石公园火山喷发，美国真的在劫难逃吗？
3. 美国黄石公园都有哪些著名的景点？

地球上的火山峡谷

埃特纳火山—— 欧洲最高的火山

Ai Te Na Huo Shan——Ou Zhou Zui Gao De Huo Shan

位于意大利西西里岛东岸的埃特纳火山，是世界上最著名的火山之一，也是欧洲最大、最高、最活跃的火山。其名来自希腊语 Atine，意思是：我燃烧了。目前，埃特纳火山海拔约 3329 米，其下部为一个巨大的盾形火山，上部是高约 30C 米的火山渣锥。主要火山口海拔 3323 米，直径 500 米，周围还有 200 多个较小的火山锥。埃特纳是世界上最活跃的火山之一，几乎一直处于活跃状态。

※ 俯瞰埃特纳火山

◎埃特纳火山概况

从外观上看，埃特纳火山与一般的山峰相比，并没有特殊之处，因其海拔较高，山顶还有不少积雪。但若你仔细观察就会发现，地下的火山灰就像铺了厚厚的炉渣，凝固的熔岩随处可见。登上埃特纳火山的顶峰，你甚至能感觉到脚下的火山正在微微颤抖，这种感觉很奇妙，好像随着火山的脉搏一起跳动，这就是典型的火山性震颤。据当地火山监测站人员观测发现，每日下午两点左右，是火山震颤的最高峰。在震颤的同时，埃特纳山上还不时地发出沉闷的声响，那是气体喷出的声音。火山的热度通过地表传到人的脚上，让人感觉脚底都是热的。在火山口的侧壁上，还可以清楚地看见一个形状规则，直径约两、三米的大圆洞，就像是人为挖的洞一样，里面还不时地逸出气体。各种不同大小的喷气孔遍布山体，从这些喷气孔里逸出的气体，硫质气味很浓，喷气孔的旁边常有淡黄色的硫磺沉淀下来。

山顶上还分布着几条大裂缝，宽约 20～50 厘米，这可能是地下岩浆上隆时地表发生变形造成的。这些现象都说明埃特纳火山的活动性是很强的。一阵风吹来，火山喷出的有毒气体就迅速弥漫开来，只觉得一阵浓浓的硫磺味飘过，浓烟很快包裹了山上的一切，呛得游人胸闷、窒息，只想快点离开此地。

※ 最活跃的火山

◎最活跃的火山

埃特纳火山被称为世界上最活跃、爆发次数最多的火山。据文献记载，埃特纳火山已有过 500 多次的爆发历史。它第一次爆发时间是在公元前 475 年，距今已有 2400 多年的历史。1669 年，埃特纳火山再次喷发，此次喷发持续时间长达 4 个月，滚滚熔岩冲入附近的卡塔尼亚市，使整个城市沦为一片火海，2 万人因此丧生，无数的人无家可归。18 世纪以来，埃特纳火山爆发更加频繁。1950～1951 年间，火山连续喷射了 372 天，喷出熔岩 100 万立方米，附近的几座城镇及村庄又被摧毁。1979 年起，埃特纳火山一直维持喷发状态长达了 3 年之久，其中以 1981 年 3 月 17 日的那次喷发最为猛烈，从海拔 2500 米的东北部火山口喷出的熔岩夹杂着岩块、砂石、火山灰、熔岩等，以每小时约 1000 米的速度向下倾泻，覆盖了大片的树林和葡萄园，吞没了数百间房舍，带来的经济损失无法估算。此后埃特纳火山在 1987 年、1989 年、1990 年、1991 年、1992 年、1998 年、2001 年、2002 年、2007 年多次爆发。据统计，自埃特纳火山首次喷发以来，累计造成的死亡人数已达到 100 万之多。由于埃特纳火山是活火山，每时每刻都有可能喷发，所以它的火山口始终冒着浓烟。到了深夜，火山孔道里的熊熊烈火影射在烟云上，十分壮观，但不会对人们造成严重危险。为了欣赏到火山爆发时的壮观场面，在每次火山爆发时，都会有来自世界各地的游客前来观看。

◎最近一次爆发：2011 年 5 月 12 日

2011 年 5 月 12 日凌晨 2～6 点之间，埃特纳火山又发生了比较剧烈的喷发活动，在喷发活动最剧烈的时间段内，距离火山数千米外的村镇都能感受到房屋门窗的晃动，埃特纳火山是由锅型火山口内岩浆夹杂着火山灰冲天而起，引发的巨响极为震撼。四处弥漫的火山灰飘落到了邻近的诸多区域、街道。

※ 喷发中的埃特纳火山

但所幸造成的影响不大，更没带来人们所担心的地震发生。

※ 夜晚中喷发的埃特纳火山

　　7月9日，埃特纳火山再次喷发，这是2011年以来该火山的第5次喷发。炽热的岩浆顺着东南面的斜坡滚滚而下，浓密的火山灰在冲向高空后被风吹散。此次喷发，虽然较为猛烈，但持续时间不长，被迫关闭的西西里岛卡塔尼亚机场也在第二日上午重新开放。此外，当地居民还发现，在火山喷发以后，他们的电子表、闹钟甚至电脑上的时间都跑快了15分钟，致使部分民众第二天早起了一刻钟。造成这种现象的原因，目前还没有调查清楚。

◎火山喷发带来的经济价值

　　埃特纳火山就像是一颗不定时炸弹，时刻给当地居民的生命财产带来巨大威胁。虽然如此，当地的居民却不愿撤离故土，远走他乡。是什么原因让他们宁愿冒着生命危险留下来？原来火山的喷发给他们带来了巨大的"利润"。火山喷吐出来的火山灰铺积而成的肥沃土壤，为农业生产提供了极为有利的条件。在海拔900米以下的地区，多已被垦殖，广泛分布着葡萄园、橄榄林、柑橘种植园和栽培樱桃、苹果、榛树的果园。由当地出产的葡萄酿成的葡萄酒更是远近闻名。而在埃特纳火山海拔900~1980米的地区为森林带，林木葱绿，有栗树、山毛榉、栎树、松树、桦树等，也为当地提供了大量的木材。虽说火山的喷发会给人们的生命带来一定的威胁，但每次喷发，仍会引来无数世界各地的游客前来观赏。再加上积雪的山峰、山坡的林带和山麓的果园，都是他们最好的旅游业资源。

居住在火山附近的居民，在看到火山所带来的巨大利益中，他们选择了留下，并不断的与火山进行斗争，他们通过改变岩浆的流向，力求将埃特纳火山的破坏度降低到最小。

▶ 知 识 窗

　　埃特纳火山的火山活动如此频繁，为了减少火山喷发带来的损失，相应地，其监测研究水平在世界上也处于前列，仅西西里岛就有四个火山监测站，离火山4千米远的地方设有录像系统，数据通过无线方式传输到中心台站，每天监测人员都要对这些数据进行处理和分析，严密监视三个火山口的活动情况。由于是通过遥控的方法，在极大程度上避免了火山随时喷发给监测人员带来的危险。

| 拓展思考 |

1. 世界上著名的火山有哪些？
2. 你知道哪些监控火山喷发的方法？
3. 怎样减少火山喷发给人类带来的危害？

鲁伊斯火山—— 爆发的灾难

Lu Yi Si Huo Shan——Bao Fa De Zai Nan

鲁伊斯火山是一座复式火山，位于南美洲哥伦比亚的托利马省境内的阿美罗地区，北纬 4.895°，西经 75.323°，海拔 5321 米。从有史记录以来，鲁伊斯火山有过三次大喷发的记录，爆发时间分别是 1595 年、1845 年和 1985 年，其中以 1985 年这一次的爆发最为强大。1985 年是一次中等规模的爆发（火山爆发指数 VEI 为 3）。然而，没有人会想到，几个小时以后，火山喷发的岩浆以及引发的泥石流，将距火山几十千米远的城市和乡村全淹没在其中，超过 23000 人因火山泥流而丧生，15 万家畜死亡，13 万人无家可归，经济损失高达 50 亿美元，给人们留下了剧痛的教训。

※ 鲁伊斯火山全景

◎死灰复燃的火山

谁说死灰不可以复燃？鲁伊斯火山就是一个死灰复燃的典型案例。

1845 年，鲁伊斯火山喷发，阻塞了河道，填平了山川，埋葬了一个名叫安巴莱马的城镇，吞噬了 1000 多人的性命。经过这次狂烈的喷发之后，鲁伊斯火山似乎发泄完毕，从此亭息下来，山顶也被积雪覆盖，火山变成了"雪山"。火山喷发出的 2.5 亿吨泥石，随着斗转星移，岁月更迭，上面覆盖了厚厚的一层沃土，并生长着茂盛的植被。

鲁伊斯火山好像真的就此沉寂了，就连许多地理学家也认为，鲁伊斯火山已成为死火山，不会再有任何"举动"了。生活在火山周边地区的哥伦比亚人，好像也从 1845 年那次火山喷发所带来的阴影中走了出来。大批的哥伦比亚人从各地来到这里安家落户，在肥沃的土地上开荒种地，过起了安居乐业的生活。到 1985 年时，鲁伊斯火山附近的阿美罗小城已聚集了数万居民，在他们的脑海里，早已没有了鲁伊斯火山上一次大发威时的情景，因为它已经"死了"。遗憾的是，当地居民忘记了"死灰"是可以"复燃"的。

从 1985 年 3 月份开始，不甘寂寞的鲁伊斯火山发生了 17 次有感地震，而 4 月份至少有 18 次。8 月份，鲁伊斯火山山顶就不断的有浓烟冒出。9 月份，火山口出现强烈的地下水喷发和强烈地震。这不仅是"死灰复燃"的信号，也是火山喷发的前兆。但阿美罗地区的人们却不以为然，该镇的镇

※ 鲁伊斯火山泥石流

长和牧师也一再抚慰民心，声称不必大惊小怪，什么都不会发生。此时，如果人们采取一些必要的措施还为时不晚，但阿美罗地区的人们错过了机会。

从 11 月 10 日开始，鲁伊斯火山开始连续三天的震动。1985 年 11 月 13 日 21 点 08 分，鲁伊斯火山发生了一次强烈的喷发，夹带着火山碎屑、冰河飘砾的火山泥流奔腾而下。很快泥流冲垮了水坝，冷热水齐向阿美罗城涌来，此时对阿美罗城来说一切都太晚了。光亮、巨响惊醒了阿美罗小镇里熟睡的居民，就在他们还没来得及弄明白究竟发生了什么事情时，灾难就迅速扑向阿美罗镇。火山喷出的灼热岩浆顿时融化了山上厚厚的积雪，冰冷的积雪在瞬间变成了滚热的液体，顺着山脉，夹着大量的泥沙、碎石，咆哮着奔腾而下。鲁伊斯山附近的三条河流顿时溢满泥浆，泥浆又随之溢出河床，三条河流在一眨眼的功夫形成了一片广阔可怕的汪洋。鲁

伊斯火山的喷发太凶猛，太迅速了，只用了短短的 8 分钟时间，泥石流就吞没了阿美罗，使阿美罗变成了一片泥石流的汪洋。一个原本充满生机的小镇，瞬间在地球上消失得无影无踪，两万多居民也在这一瞬间成为鲁伊斯火山喷发的牺牲品，幸存者寥寥无几。阿梅罗城的灾难向人们显示了火山喷发的威力。

▶ 知 识 窗

　　火山泥石流又称"火山泥流"。当火山雷雨降落以及火山口被冰雪掩埋或蓄有大量的水源，导致火山喷发时便会因冰雪融化或积水溢出，同时来带着火山碎屑物沿山坡向下流动，形成了泥石流。泥石流固体物质来源主要为火山灰、火山碎屑物和山坡沟谷中原有的松散堆积物。火山泥石流规模不一。所经之处，掩埋村镇、田园和各种工程设施，是火山喷发所引发的最常见的次生灾害。

◎鲁伊斯火山又在蠢蠢欲动

　　进入 2012 年以来，鲁伊斯火山又开始了频繁的活动。三月份，山顶的火山口有少量火山灰、烟尘及蒸汽不断冒出，这给生活在鲁伊斯火山附近居住的居民造成了不小的恐慌，甚至有一些居民准备搬离生活了多年的家园。但根据本关专家的监测数据显示，鲁伊斯火山的活动，以及最近的"冒烟"现象属于正常情况，并无喷发的危险。

　　从 1985 年 11 月 13 日，鲁伊斯火山喷发以后，鲁伊斯火山就引起了政府部门的重视，并派了专家前去调查研究，并对其实施 24 小监控措施。虽然自 2010 年以来，鲁伊斯火山一直就处于黄色警戒状态，但此次的活动并不会引起火山的喷发。

　　　　　　　　　　拓展思考

1. 你所知道的"死灰复燃"的火山有哪些？
2. 火山的次生灾害有哪些？
3. 现在的阿美罗地区是什么样子？

乞力马扎罗火山—— 光明之山

Qi Li Ma Zha Luo Huo Shan——Guang Ming Zhi Shan

有休眠火山之称的乞力马扎罗火山，位于肯尼亚、坦桑尼亚国境附近的成层火山，海拔 5895 米。火山顶部为直径 2 千米的塌陷火山口，火口底部又有一个直径 340 米、深 130 米的小火口。

◎ "非洲之王"——乞力马扎罗山

乞力马扎罗山是非洲最高的山脉，在辽阔的东非大草原上拔地而起，高耸入云，气势磅礴，素有"非洲屋脊"之称，许多地理学家则喜欢称它为"非洲之王"。

约 5000 米以上的山峰覆盖着永久冰川，最厚达 80 米，形成南纬附近著名的"雪峰奇观"！但由于全球气候变化或者是火山活动增强等因素影响，乞力马扎罗高山冰川正在不断退缩。据研究发现，如果按照目前速度发展的话，乞力马扎罗山可能会在一两百年内全部消融。

※ 高耸入云的乞力马扎罗山

地球上的火山峡谷

尽管乞力马扎罗山峰顶部终年布满冰雪，但在2000米以上，5000米以下的山腰部分，依然生长着茂密的森林，树木高大，种类繁多，其中不少是非洲乃至世界上的名贵品种，比如一种名叫木布雷的树，木质坚硬，抗腐蚀性能好，故而是作为家居或者是盖房的最佳材料之选。在2000米以下的山腰部分，气候温暖，雨水充沛，由于乞力马扎罗山因火山运动形成的黑色沃土，滋润着东非地区的原野，哺育着勤劳的农民，也产生了灿烂的文化。在肥沃的灰土壤上，咖啡、花生、茶叶等经济作物也茂盛生长着。在山脚下，炎热的气候，即使是树荫，气温也保持在30℃以上，但是这里到处可见的是一片深颜重彩的非洲热带风光。

※ 优美的自然景观

※ 悠然自得的斑马群

在乞力马扎罗山山麓地带降水较少，四周都是山林，那里生活着众多的哺乳动物，其中一些还是濒于灭绝的种族。山麓四周的莽原，非洲象、斑马等热带野生动物以及稀有的蓝猴、阿拉伯羚等都在这里自由自在的生活着，是世界上最大的野生动物保护区。这里也生长着茂盛的热带作物，除甘蔗、香蕉、可可外，最多的是用来制绳的剑麻，一望无际，铺天盖野。

◎ "光明之山"之称的乞力马扎罗火山

"光明之山"，在非洲斯瓦西里语中的意思是"乞力马扎罗"。

乞力马扎罗火山由七座主要的山峰构成，其中三座是死火山，马文济峰、西拉峰和基博峰。基博峰上面的乌呼鲁峰是非洲的最高峰，还时不时

※ 西拉峰

地释放出火山气体。科学家在 2003 年的一次考察证实火山熔岩距离顶峰的火山口地表只有 400 米深，但目前没有爆发的迹象。

这三座火山是通过一个复杂的喷发过程联系在一起的。最古老的是希拉火山，它位于主山的西面。它曾经很高，但由于一次猛烈的喷发而塌陷，现在只是一座

※ 其中三座是死火山，马文济峰

3810 米的高原。次古老的是马文济火山，它是一个独特的山峰，虽然它似乎可以比拟于乞力马扎罗峰，但是它的隆起高度只有 5334 米。三座火山中最年轻、最大的是基博火山，它是在一系列喷发中形成的，并被一个破山口覆盖着。基博巨大的破山口构成的扁平山顶，成了这座美丽的非洲山脉的特征，可供世界赏目。

据当地居民的传说，最近一次爆发大约发生在距今150～200年以前。但由于非洲的历史记录不是很清楚，历史上没有乞力马扎罗山火山爆发的记录，故而居民的这一传说也没有得到证实。

◎优美的旅游胜地

风景优美自然会有很多旅游登山爱好者踏访，乞力马扎罗山也不例外，是各种肤色的登山爱好者一显身手的最佳地方。乞力马扎罗山有两条登山路线，一条是"旅游登山"线路，另一种是"登山运动员"线路。前者是游客在导游和挑夫的协助之下，三天时间到达山顶，体验"会当凌绝顶，一览众山小"的意境。而后者沿途悬崖峭壁，十分艰险，是具有冒险精神运动员的最佳选择。无论从哪一条线路登上山顶，对异国他乡的人来，都是终生难忘的幸事，永久保存。

乞力马扎罗山是世界著名的旅游胜地，坦桑尼亚政府也充分利用起这一得天独厚的有利自然条件，大力发展旅游事业，从中得到了丰厚的经济实惠。并且这里还建有非洲风格的星级宾馆，可以让世界各地的旅客亲身体会到非洲人民的风土人情。

※ 旅游胜地

▶ 知 识 窗

　　关于乞力马扎罗山的名字来源有各种各样的争议，但很多都不是能令人满意的，所以每个人都不敢十分肯定的说自己是正确的。比如说"巨山之大""白色之山""大篷车之山"，这些都是对乞力马扎罗山的解释，它们分别来源于斯瓦希里、查嘎和马夏米方言。但是从我们对这个问题所仅有的了解来描述，我们认为"Kilimanjaro"应该是和斯瓦希里语"Kililma"（意为"山之巅"）有关，单词的第二部分"njaro"推测说可能指的是雪。而我们在美鲁语中也确实发现了一个类似意为水的词"ngare"。还有一种看去是查嘎语中有"Kilemakyaro"词，意为"不可能的旅程"，不过我们还是认为这个词更像是"Kilimanjaro"的演变结果而不是它的来源。当然，这些也只是众说纷纭，没有实际的证据表明具体哪个是正确的。

拓展思考

1. 随着全球气候的变暖，乞力马扎罗山真的会消失吗？

2. 乞力马扎罗山有哪些历史传说？

3. 引起火山爆发的因素？

地球上的火山峡谷

富士山火山—— 日本的休眠火山

Fu Shi Shan Huo Shan——Ri Ben De Xiu Mian Huo Shan

富士山是世界著名的火山之一，是一座休眠火山，有日本第一高峰之称。横跨静冈县和山梨县两县县境，属富士火山带系山脉的主峰，呈圆锥形，山麓则为优美的裙摆下垂弧度，正好位于骏河湾至系鱼川之间的大地沟地带上。山顶为直径约 800 米，深度 200 米的火山口，据说在空中俯瞰则有如一朵灿开的莲花般美丽，不过那是极少数人才能有幸亲身领会的另一种风貌。

◎圣岳富士山

作为优美风景区的富士山在全球享有盛誉，有圣山之称，是日本的象征之一，也被人们称为"芙蓉峰"或"富岳"以及"不二的高岭"。自古以来，这座山的名字就经常在日本的传统诗歌中出现，更为世界所瞩目。富士山山体高耸入云，山巅白雪皑皑，放眼望去，好似一把悬空倒挂的扇子，因此也有"玉扇"之称。同时它还拥有

※ 优美的富士山景况

傲视日本第一的高度及完美无瑕、端庄秀丽的姿态，足以令世人膜拜。

富士山可以说是很多人向往的旅游胜地，自然景观的优美是每个人都想要去看它的具体原因。其中最著名的是，富士山的北麓有富士五湖，从东向西分别为山中湖、河口湖、西湖、精进湖和本栖湖。山中湖最大，面积为 6.75 平方千米，湖畔有许多运动设施，可以打网球、滑水、垂钓、露营和划船等。湖东南的忍野村，有涌池、镜池等 8 个池塘，总称"忍野八海"，与山中湖相通。河口湖是五湖中开发最早的，这里交通十分便利，已成为五湖观光的中心。湖中的鹈岛是五湖中惟一的岛屿，岛上有一座专

※ 富士山倒影奇观之一

门保佑孕妇安产的神社，湖上还有长达 1260 米的跨湖大桥，河口湖中所映的富士山倒影，被称作富士山奇景之一。

　　五湖之中环境最为安静的一个湖是西湖，也被称为西海。据传，西湖与精进湖原本是相连的，后来因为富士山喷发而分成两个湖，但这两个湖底至今仍是相通的，岸边有红叶台、青木原树海、鸣泽冰穴、足和田山等风景区。精进湖是富士五湖中最小的湖，但它的风格却是最为独特的，湖岸有许多高耸的悬崖，地势复杂。本栖湖水最深，最深处达 126 米，湖面终年不结冰，呈深蓝色，透着深不可测的神秘色彩，更给人以无限的遐思，陶醉其中。

◎休眠性的富士山火山

　　富士山火山具有一万多年的历史，是世界上最大的活火山之一，目前还是处于休眠状态，但是地质学家仍然把它列入活火山之类。富士山是由古富士山形成的，据估计，距今 1 万 1 千年前，古富士的山顶西侧开始喷发出大量熔岩。这些熔岩形成了现在的富士山主体的新富士，此后，古富士与新富士的山顶东西并列。约 2500～2800 年前，古富士的山顶部分由

※ 典型的成层火山

于风化作用，引起了大规模的山崩，最终只剩下了新富士的山顶，古富士也消失了，只剩下现在的富士山。

　　史书上关于富士山火山喷发的文字记载很多，最重要的三次分别是，公元 800 年～802 年的"延历喷发"，以及 864 年的贞观喷发，最后一次富士山喷发时间是在 1707 年（日本宝永 4 年），当时产生的影响是宝永山发出的浓烟到达了大气中的平流层，在当时的江户都落下了厚厚一层火山灰，之后科学家也在不断的侦测火山性的地震和喷烟，一般认为今后仍存在喷发的可能性。

◎美丽传说的富士山

　　远古时代，在竹林深处住着一位伐林老人。有一天，老人在竹管里发现了一个俊俏的很小的女孩，她告诉老人说她是来自月宫，由于贪玩一不小心摔跤掉到竹管里了。于是老人就把这个小女孩收作女儿。

　　带回家三个月之后，小女孩就出落成了美丽非凡的姑娘，美得就像仙女一样，招来了许多青年男子向她求婚，但都遭到了女孩的拒绝。女孩只钟情于邻居铁匠，而正当他们准备在一起的时候，月神发怒了，要强迫女孩回月宫，而且还让女孩失去了记忆，忘记了她的老父亲，也忘记了她深爱的铁匠。愤怒的铁匠绝望地用铁锤猛击山头，山头裂开了，从裂缝里喷出冲天的火焰，直向云彩烧去。女孩得救了，但却忘记了铁匠是谁，铁匠心情异常难过，一气之下跳进山头的裂缝里去了。就在那一刹那，太阳升起来了，女孩身上穿的魔衣魔靴解除了，恢复记忆的女孩忍受不了自己对铁匠的伤害，也跳进了山头的裂缝里。

自从女孩和铁匠从地面消失之后，已经过去了一万多年，可是人们还是记得他们，始终认为他们没有死，而是避开了月神，幸福地生活在地下宫殿里。当他们生活做饭时，山头的裂缝里就喷出一股火焰，升起袅袅炊烟。

从此，人们就把这座大山叫做富士山，意思就是不死的山。

▌知 识 窗

·专家在担忧富士山火山会再喷发·

富士山所在的静冈县发生 6.4 级地震，导致富士山附近道面出现破损，山上有石块落下堵住山路，有专家担心，富士山附近的地壳活动日趋活跃，可能导致火山再次喷发。

名古屋地震火山防灾研究中心教授鹭谷威说：“富士山自上次喷发以来已经过去了 300 多年，现在随时有可能重新喷发。此次的大地震有可能成为诱因，需要密切关注。”

中国地震局地质研究所活动火山研究室主任许建东表示，考虑到太平洋板块活动加剧，同样地处太平洋板块边缘的富士山火山下的岩浆活动加剧，因此猜想富士山火山会喷发是有道理的。但他也表示只是直觉上的判断，没有这方面的检测数据，不能预测会不会发生。

▌拓展思考▐

1. 富士山有哪些著名的旅游景点？
2. 富士山周边有哪些山脉？
3. 世界有哪些活火山？

冰岛火山—— 冰火之城

Bing Dao Huo Shan——Bing Huo Zhi Cheng

冰岛是一座美丽的海岛，位于北大西洋中部，靠近北极圈，是北大西洋中的一个岛国。一般人们说北欧有四国，实际上北欧有五个国家：冰岛，挪威，芬兰，丹麦，瑞典。冰岛是独立于欧洲大陆的一个岛国，因为冰岛夏季日照长，冬季日照极短，秋季和冬初可见极光，所以冰岛有"火山岛""雾岛""冰封的土地""冰与火之岛"之称。

◎冰岛的火山群概况

闻名于世的冰岛之城，有 100 多座火山，以"极圈火岛"之名著称，共有火山200～300座，有40～50座活火山。主要的火山有艾雅法拉火山、华纳达尔斯火山、海克拉火山与卡特拉火山等等。华纳达尔斯赫努克火山为全国最高峰，海拔 2119米。冰岛几乎整个国家都建立在火山岩石上，大部分土地不能开垦，1963 年～1967年在西南岸的火山活动形成了一个约 2.1 平方千米的小岛。

※ 冰岛火山喷发

艾雅法拉火山是冰岛的主要代表之一，冰岛火山指位于冰岛首都雷克雅未克以东 125 千米的南部亚菲亚德拉冰盖上的艾雅法拉火山。该火山于当地时间 2010 年 4 月 14 日凌晨 1 时开始喷发，16 日继续喷发，同时爆发冰泥流，带来巨大洪水，天空中大量飘散火山灰，专家担心，如果火山再继续这样爆下去，有毒物质进入平流层，恐怕会影响到整个地球，让地球出现异常低温，最坏的情况会让地球长达一两年的阳光受到阻挡。天空中聚积的大量火山灰，盘踞在白云之上，冰岛艾维法拉火山所喷发出的火山灰，凝结在冷空气中，看似动也不动。挪威的民众在自家门口，都可以就近观察到，火山灰和蓝天白云层层叠叠。这股浓重火山灰沿着冰岛、挪威，一路飘散到英国，横扫整个欧洲大陆上空！冰岛艾维法拉火山持续喷发，火山灰凝结在高空中，更有人拿出抢拍火山口的雷达图研究，发现把图倒过来看，宛如张大嘴的鬼脸，十分恐怖。

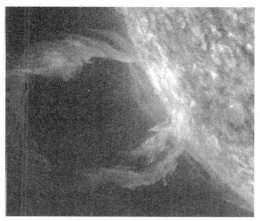

※ 艾雅法拉火山喷发

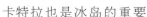

卡特拉也是冰岛的重要

※ 卡特拉火山喷发

火山，它的喷发是对当地甚至是全球的影响，对于何时喷发，科学家断定这也只是一个时间问题。曾经一次的喷发引发了亚马逊流域洪水，使房屋大小的巨石从峡谷滚落到公路，阻碍了交通的畅通。它的最后一次大规模喷发是在 1918 年，一小时后便引发洪水，给附近居民的生命构成威胁。

◎冰岛火山喷发的原因

地势是火山喷发的原因之一，冰岛位于大洋中脊，火山喷发也是经常的事，这与处于地震带上的日本经常发生地震是相类似的。从地质结构来看，冰岛位于亚欧板块和北美板块的边界上。国家海洋局第三海洋研究所周秋麟研究员在接受记者采访时说，冰岛位于大西洋中脊火山活跃带，境内冰川和火山众多，素有"冰火之国"之称。冰岛的火山位于海底，但却可以在地面上看到其爆发，这样的火山在世界上为数极少。

◎冰岛的旅游资源

冰岛奇特的地理景观给很多人留下了很深的印象，但凡来旅游的游客都会对冰岛的景色流连忘返。其中最著名的景点之一是叫约古沙龙的冰湖，蓝色的湖面上，漂浮着晶莹剔透，形状各异的大浮冰。由于冰岛多火山，滑落的大冰块因夹杂着火山岩的成分，所呈现的颜色并非通透的水晶兰或雪白色，而是透着一些棕色或灰色。乍一看好像一块块巨型的猫眼石浮在湖面上，美丽而又动人。人们可以坐船穿行在湖面上，近距离接触这些千年巨冰。由于全球气候变暖迅速，这些冰块日渐融化萎缩，可能终有

※ 瓦特纳冰川

一天，这个自然景观将不复存在了，会给人们造成很多的遗憾。

不得不说的是另外一个景点——位于冰岛东南部的瓦特纳冰川，它是欧洲最大的冰川，面积8300平方千米，在世界上仅次于南极大冰川和格陵兰岛冰川，它是世界上最大的、一般游客不用进行专业训练就可以游览的冰川。到达冰川映入眼帘的是一片铺天盖地的白，地是白的，天是白的，天地合一，人景交融。那一马平川、绵绵不绝、无边不际的白色奇迹，近乎霸道，实为人间奇观。此番景象，冰冷、残酷、又极其原始，让人在敬畏之余，恍若进入时光隧道，返回遥远的冰河时期，那种飘飘然的置身其中的感觉令人无法忘怀。

▶ 知 识 窗

· 火山灰的影响 ·

由于火山喷发而造成的大量火山灰，对人体的呼吸系统和眼睛造成伤害，另外，火山灰的灰尘会吸入飞机的引擎中，粘附在引擎器械中，会影响机械的正常工作，使飞机的安全系数降低。除了对航空安全的影响，冰岛的火山灰中包含很多水气在里面，所以它的密度较大、粘附性较大，很容易粘附在建筑和电线上，严重的可能会造成建筑垮塌等等。如果火山灰进入平流层的话，将阳光反射回大气层，会影响光照。由此可以看出，火山灰造成影响的范围还是很大的。

拓展思考

1. 冰岛火山的爆发是否会影响全球气候的变化？
2. 冰岛火山的喷发会不会给我国造成直接影响？

地球上的火山峡谷

大屯火山——群蝶飞舞

Da Tun Huo Shan——Qun Die Fei Wu

大屯火山拥有最美好的自然生态好"风景",是中国台湾省最著名的火山区,位于台北市和台北县境,它与北投温泉、士林、阳明山构成台湾北部著名的风景区。

◎大屯火山名称的由来

大屯山位于台北市内,其名字来源非常有趣,刚开始时院子平埔族凯达格兰人的大洞山社,原来叫大洞山;随后,汉人进入,因为它的山棱看似像猪的背脊,而又将它改名为大豚山;后来,为了使其更文雅些,所以更名为大屯山。

※ 大屯火山

◎大屯火山的地理形成环境

大屯山周围有一个火山群，主要由 16 个圆锥形火山体组成。火山群范围南至台北盆地北缘，此至富贵角、石门和金山一带海岸，东至基隆市西，西至淡水河口附近，其中海拔逾千米的山峰有 29 座。大屯山火山口直径 360 米，深

※ 大屯火山群

60 米，雨季积水成湖，旧有"天池"之称。其东北的小观音山火口最大，东西 1100 米，南北 1300 米，深达 300 米。各火山属于死火山，已无喷发活动，但多硫气孔和温泉。大屯火山群峰的喷发口大致在主峰、西峰和中正山之间的凹地，在 70 万年前的喷发活动中分离而成三座锥形火山。因为历经多次的喷发活动，自然造成大屯火山层层叠叠的覆盖火山碎屑岩和岩浆的地层，在长时间的风雨侵蚀下，终于形成了今天大屯火山的面貌，以及优美的地质景观。

◎大屯火山是否会再喷发

大约在 250 万年前的一次火山喷发，形成了最原始的大屯山，直到 70 万年前，另一次火山喷发将原始大屯山分离成现在的大屯主峰、西峰和南峰，在这些封顶都没有火山口，古火山口反而是在三峰与正山之间。大屯山主峰高 1092 米，属于戈层的锥状火山，但略呈南北之势延长。大屯山因山形混元雄厚，有王者之气势，所以这里的火山群就叫做大屯火山群。

大屯火山真的睡着了吗？

大屯火山区的 20 多座火山都是死火山，但所谓的死火山并不是永不复生的保证，事实上，这几十年来，也并没有迹象显示大、小油坑所喷出的硫磺气或者地底涌出的温泉有减少的现象。

总的来说，有三项证据表明大屯火山区会再次喷发的可能性极低：

第一，当初造就大屯火山区的原始能量，也就是板块运动所造成板块

间的碰撞，其撞击点已经逐渐向西移动，相对的就中断了地底岩浆的供给来源，这也是火山活动会在数十万年前就停止的原因。第二，本区的火山喷发始于 280 万年前，一直到 30 万年前才停止，但真正大规模喷发则是集中在 80 万年前到 30 万年前的这段时间里，并且以 5～10 万年为周期进行较大规模的火山运动。由此看来，30 万年来都没有再喷发的大屯山群，很有可能会已经停止了。第三，一般火山活动爆发前会有频繁发生地震的预兆，但是至今台北盆地的地震频率并没有升高，由此可以推测，除非台湾下方的板块运动方式突然发生重大变化，否则大规模的火山活动是不会再发生的。

◎大屯山群蝶飞舞的优美景象

　　春夏交际季节是大屯山展露其优美风姿的最佳时机，放眼望去，绿草如茵、山峦起伏，是登山爱好者最爱的路线，既可以漫步缓缓游寄与丛花之间，又可以欣赏到蝴蝶优美的演出。主要是因为大屯火山主峰道路两旁花团锦簇的紫红色小花—"岛田氏泽兰"，引来了骄傲舞者。清晨时分，随着山谷上升的气流，成千上万的舞姬们翩翩起舞，缓缓降落到它们最喜爱的蜜源植物上，一会儿驻足访花，一会儿振翅飞舞，形成了一幅美好的蝴蝶花海景象，好不优美。每当有不知情的车辆行驶而过时，受到惊扰的蝴蝶更是群起飞舞，其景象煞是动人，令人目睹之后永生难忘！

※ 亲吻的舞者

▶知识窗

什么条件下会产生火山活动？

a. 适当的地体构造环境；

b. 地面深处有岩浆的形成；

c. 地壳处有岩浆库的存在；

d. 岩浆能上升至地表喷发。

拓展思考

1. 中国台北地区有哪些著名的温泉？

2. 大屯火山群具体包括哪些？

3. 火山和温泉有什么关系？

婆罗摩火山—— 神奇奥妙的火山

Po Luo Mo Huo Shan—— Shen Qi Ao Miao De Huo Shan

婆罗摩山是处在最古老火山带的最美丽的火山，雄踞东爪哇省会泗水东南，高 2393 米，位于"婆罗摩—腾格尔—斯摩鲁山区国家公园"内，是当地腾格尔部族神圣之地，也是印尼最神秘、最有活力的一座火山。

◎婆罗摩火山的地理简介

集自然风光和独特民族风情于一体的婆罗摩火山，处于享有"千岛之国"之称的印度尼西亚，而多岛之国印尼有 4500 座之多的火山，世界著名的十大活火山有三座就在这里。这些火山景观在印尼政府妥善规划下，或成为保护区，或成为国家公园，其中最美丽的，莫过于婆罗摩火山，在熔岩面积达 80 平方千米的古老的天吉儿火山群中，婆罗摩火山宛如一个

※ 婆罗摩火山

地球上的火山峡谷

褴褛中的婴儿，年轻而充满活力。作为世界上最大的群岛国家，印尼地处"太平洋火环"（太平洋盆地，遍布的火山和海底断层的一个弧形板块）地带，正面临一系列的地质剧变，婆罗摩火山是火山群中最著名的活火山。

◎火山喷发事件

人口稀少的婆罗摩火山，边缘高，中间低，它的喷发记录主要有：2004 年发生的造成 2 人死亡；2010 年 11 月 8 日发出声响，23 日在火山口喷出白烟和火山灰；2010 年 11 月 29 日，婆罗摩火山喷出滚滚浓烟，印度尼西亚官员当日说，由于婆罗摩火

※ 婆罗摩火山喷发

山喷发的火山灰可能影响飞机飞行，邻近玛琅市一座机场当天就关闭了。

◎婆罗摩火山上看日出

婆罗摩火山是爪哇岛上最美丽的火山，而且登上 2581 米高的婆罗摩火山看日出，是爪哇的最热门的旅游项目之一。

早上观日出是最富魅力的景色，如果恰好适逢印尼雨季，雾气偏重，看不到美丽的日出，却有幸赶上了观看壮观的云海。晨曦中，由观景台往前眺望，视线所及，四座火山在云海缭绕中渐渐

※ 日出朝霞

露出容颜，呈现最完美的组合：左边是拥有巨大火山口的婆罗摩火山，兀自吐着含硫黄的白烟；右前方是呈锥形的巴托克火山；婆罗摩火山的正后方是平静的库尔西火山，这三座火山同属腾格尔火山。视线再往远处，高耸的塞美鲁火山间歇性地喷出浓浓的火山灰，如雾如岚。人们说，这每隔 15 分钟的喷发，是地球最动听最美丽的呼吸。仿佛置身仙境。

最美好的还是在晴朗的天气下看日出，那是和阴天不一样的仙境。凌晨四时许，婆罗摩山顶已被染上一片金黄，当冉冉升起的红日与四周景色交织成一个五彩斑斓的世界时，使人无不感受到大自然的奥妙与神奇。

▶ 知 识 窗

世界上著名的活火山主要有，冰岛的拉基火山、夏威夷的基拉韦厄和冒纳罗亚火山、意大利的维苏威火山、美国圣海伦斯火山、西西里岛的埃特纳山、厄瓜多尔的桑盖。

| 拓展思考 |

1. 印尼有哪些神话故事？
2. 世界上三大火山地震带是哪三个？

地球上的火山峡谷

海克拉火山—— 地狱之门

Hai Ke La Huo Shan——Dì Yu Zhi Men

海 克拉火山坐落在一条火山岭上，是冰岛著名的火山之一，也是冰岛最让人担心害怕的火山，它的复杂的火山构造说明了其喷发过程的近代变化，外形像是倒扣的船，因此被当地人称为地狱之门。

◎海克拉火山简介

海克拉火山是冰岛活动最剧烈的火山之一，位于冰岛首都雷克雅未克以东 110 千米处，紧邻艾雅法拉火山，其火山喷出物主要出现于东北—西南走向的大裂隙上，长达 5～6 千米。

海克拉火山的熔浆是冰岛火山中惟一含有钙碱忹的，再加上其相对频繁的爆发频率和庞大的爆发规模，

※ 海克拉火山

海克拉火山的岩浆有时会被用来帮助确定其他火山的喷发时间，其岩浆可以分为硅酸盐和安山岩两类。冰岛覆盖的火山灰大约有 10 % 来自于该火山，海克拉火山的火山灰中大约含有 54％的二氧化硅。

◎爆发历史

据记载表明，海克拉火山发生了将近 20 次有规模的爆发，因此，它在冰岛又有"戴头巾的斗篷"的意思。其中公元前 1100 年左右的那次喷发可能是这一千年中规模最大的一次火山喷发。下面只简单从世纪区间来叙述几次重大的爆发：

最早爆发的是在 11 世纪中，该火山有两次较为大的爆发，分别发生在 1104 年和 1158 年，其中 1104 年是历史上第一次被记载到的爆发，这次爆发造成了巨大的伤害。其附近的一个村庄被毁。12 世纪的爆发发生

※ 海克拉火山爆发

在 1206 年和 1222 年，其规模都不是很大。

在 15 世纪至 19 世纪之间，发生了大大小小的几次喷发，1510 年 6 月 25 日的爆发给当地人带来较大损失，甚至是在 45 千米以外都可以找得到喷发出的火山岩。1693 年 2 月 13 日，发生的火山喷发再一次造成了巨大损失，喷发物质从 14 个火山口喷出，附近的约 50 个农场被摧毁。1766 年 4 月 5 日的喷发持续历两年之久，喷发了 1.3 立方千米的岩浆，造成了当地气候的变化。

20 世纪以来的第一次喷发是在 1913 年 3 月 25 日，主要地点是火山东部和东北部，1947 年 3 月 29 日的喷发持续到了 1948 年 4 月 21 日。从 1970 年之后喷发开始频繁起来，基本上每十年就会喷发一次。

◎专家预计：海克拉火山很快就会爆发

由于科学家详细记录了海克拉火山下面"与众不同"岩浆活动，地球物理学家认为这可能是火山活动早期阶段的迹象，它或许会引发大规模的火山喷发。2011 年，冰岛火山专家乔恩－弗里曼判断说："海克拉火山目前还未开始爆发，但是它可能会在没有任何预警的情况下突然喷发，似乎没人知道岩浆冲出的时刻到底会发生什么情况，而且它从几天前似乎才有爆发的征兆，令人感到好奇的是，在这种岩浆活动期间周围显然并未发生地震，而且岩浆在靠近海克拉火山的地壳下方移动时，也没有任何震动。如果这座火山引起地震、发出噪音或其他情况，距离山顶大约有 16 千米的我们的地震检波仪显然会接收到。"所

※ 岩浆在靠近海克拉火山的地层表面活动

以，现在只是判断海克拉火山可能不会立即爆发，但是会"很快"爆发。

▶ 知 识 窗

琼·莱夫斯是冰岛作曲家，早年在莱比锡音乐学院求学，后长期在德国生活，1945 年冰岛独立后回国居住，其作品大量采用冰岛民间音乐元素，并结合现代音乐技法，音乐风格常具有粗犷荒野的特点，被誉为当代最重要的冰岛作曲家之一。他的管弦乐作品《海克拉火山》被称为"史上最吵的古典音乐作品"。

拓展思考

1. 世上最纯净的国度——冰岛有哪些美丽的旅游景点？
2. 为什么海克拉火山被人们誉为地狱之门？

圣海伦斯火山—— 美国的富士山

Sheng Hai Lun Si Huo Shan—— Mei Guo De Fu Shi Shan

圣海伦斯火山由于形状的匀称和山顶布满雪的特性，很像日本的富士山，因此受到了众多游客的关注，被人们称为"美国的富士山"。它是喀斯喀特山脉的一部分，喀斯喀特山脉是太平洋海岸的一部分，而圣海伦斯火山是一座活火山，位于美国太平洋西北区华盛顿州的斯卡梅尼亚县，在西雅图市以南154千米，波特兰市东北85千米处，北纬46.20°，西经122.18°，海拔2549米。在喀斯喀特众多的山脉中，圣海伦斯火山可以算是一座相对年轻的火山，大约4万年前形成，是因为火山灰喷发和火山碎屑流而著名。

◎圣海伦斯火山的演化

圣海伦斯火山有史以来最大的山崩发生在1980年5月18日上午8时23分，5.1级的地震震动着华盛顿南部的圣海伦斯火山，紧接着又引发了火山的爆发，造成了很严重的后果，包括工作人员在内的57人被火山夺去了生命，数千平方千米的森林被毁。

※ 爆发的圣海伦斯火山

从1980年起，火山北坡的崩塌和火山泥石流的侵蚀导致河流大平房被岩石赃物和树木所填埋，湖中更是塞满了被摧毁的树木。

三十年后，也就是2010年，在火山侵蚀的贫瘠地带已经能看到零星的红点了，说明植被正在被逐渐恢复，但火山本身的山崩区域还是光秃秃的，不过这些看似不毛的地方也开始出现生机，人们在这里发现了草原羽扁豆，它能从空气中而不是土壤中吸收氮元素。从这些微小的生命开始，相信一切都将会有生机，只是时间长短的问题而已。

◎圣海伦斯火山的喷发历史记录

要了解圣海伦斯喷发记录，很可能要依赖于历史上为数不多的记录和当地居民的传说了。美国火山学家根据树轮的年代学和长达几十年的全面考证和研究，终于确认圣海伦斯火山历史上最后一次大规模的喷发是在1802年，且较小规模的喷发一直延续到1857年。1980年3月20日前，对圣海伦斯火山进行连续监测的只有一台地震仪，在发现火山活动异常后，美国地质调查局和华盛顿大学迅速增加了许多检测仪器，以便更全面准确的对监测工作的开展，并且也成功地预测出圣海伦斯火山可能会有一次大规模的爆炸式喷发，同时还会有大面积山崩的危险。3月27日，美国森林局强行划定了警戒区限制靠近火山，以此来减少造成的危害。

由于火山喷发前较长时间的预兆信息和地震活动，火山才得以安排好应对工作，并做出了较好的预测，以至于才没有造成更大的人员伤亡。圣海伦斯火山喷发的经验告诉我们，不要对貌似死亡的活火山掉以轻心，它有随时爆发的可能性。

◎圣海伦斯火山的现状

为了更好的让人们了解圣海伦斯火山，政府专门开通了一条通道，可供游客旅游专用，也利用这个场所教育人民，宣传火山喷发的危险性。

这座被称为美洲最活跃火山的圣海伦斯火山，在过去的一段时间之内很不安分。高高的火山口经常会冒出浓浓的烟雾，站在火山附近还可以感受到大地在微微震动，地质学家将这一现象成为"火山的低水平爆发"。尽管如此，为了使想要接触火山的人可以像他们一样能背上背包上山，政府解除了对圣海伦斯火山的登山禁令。不

※ 冒着浓浓烟雾的圣海伦斯火山

过，有"低水平爆发"，就意味着还是有危险存在的，当地政府特别提醒游客，活火山随时都有可能出现爆发状况，所以要格外注意安全。

▶ 知 识 窗

世界上的十大火山分别是：美国圣海伦火山，菲律宾皮纳图博火山，意大利维苏威火山，冰岛拉基火山，印度尼西亚克鲁特火山，日本九州岛的云仙火山，哥伦比亚内华达德鲁兹火山，西印度群岛培雷火山，印度尼西亚喀拉喀托火山，印度尼西亚亚塔姆波拉火山。

| 拓展思考 |

1. 美国原住居民有哪些民间故事？
2. 世界上最活跃的火山有哪些？

地球上的火山峡谷

伊苏尔火山—— 世界上最可亲近的活火山

Yi Su Er Huo Shan —— Shi Jie Shang Zui Ke Qin Jin De Huo Huo Shan

伊苏尔火山是位于太平洋岛国瓦努阿图群岛塔纳岛上的一座活火山，由于这座火山常年喷发，日夜不止，因而被很多飞行员和海员当作太平洋上指路的"灯塔"。这座火山虽高达1084米，但喷出的熔岩却多是直起直落，很少斜向逸出，一般不会伤到游人及附近的村庄，因此被称为世界上"最可亲近的活火山"。

※ 伊苏尔火山

▶ 知 识 窗

塔纳岛位于南纬19°29′，东经169°20′，是瓦努阿图群岛南部的一个小岛屿，陆地面积556平方千米，人口约1.2万。东北部雷索卢申港4千米处，便是海拔1084米的伊苏尔火山，是瓦努阿图最著名的游览地。西南端的莱纳克尔是南部区的行政中心，此地盛产椰子、甘蔗、棉花和檀香木等。

※ 美丽的塔纳岛

◎充满神秘色彩的伊苏尔火山

从飞机上往下眺望，塔纳岛孤悬南太平洋深处，宛若一位凌波仙子，在碧蓝色大海中酣然入梦，并没有想象中的火山岛凶险。但是，当你走向它的时候，只见一座伟岸挺拔的锥形大山兀自立在苍凉荒芜的火山沙原

※ 俯瞰伊苏尔火山的喷发

上，大山两侧犹如刀削斧劈般笔直，浑身铁青，令人生畏。一道水流蜿蜒蛇行，成为荒漠中惟一一道绿色风景。伴着河水流动的声音，时有白烟黑雾从山顶升起，这就是充满神秘色彩的伊苏尔火山。

由于太平洋板块与澳洲板块相互挤压，便形成了雄伟壮硕的伊苏尔火山。伊苏尔火山是由英国著名探险家库克船长在 1774 年发现的，但是在瓦努阿图地区，关于伊苏尔火山的发现，却流传着一个更为生动的传说。传说伊苏尔是一位巨人，与塔纳岛的两名女子结婚并生下三个孩子。一日，两个妻子带着孩子们前往海边汲水。伊苏尔想戏弄她们一下，于是变成了一头巨猪，躺在家门口等着她们的回来。等了好长时间，她们还没回来，伊苏尔昏昏沉沉的睡着了。妻儿们归来后，看见一头大猪横卧在门口，他的妻子二

※ 伊苏尔火山夜晚喷发时的美景

话没说，便抢起竹棍向猪的脑袋狠狠打去。伊苏尔还没醒来便一命呜呼，化为了一座火山，孩子们随之化成 3 个火山口。妻子见状泪流不止，于是便形成了山下汩汩流淌的河流。

伊苏尔火山口的坑状像一个巨型的大锅，深不可测。沸腾的岩浆在里面肆意翻腾，散发出刺鼻的硫磺味，在此稍作停留就会感觉呼吸困难。火山口外沿直径约 300 多米，坑口深约 100 多米。底部 3 个喷火口成三角排列，像是值班似的轮番喷发。到了夜晚，伊苏尔火山喷发的景象更是绚丽、壮观，火柱每隔几分钟便喷涌一次，先是如万朵礼花绽放，再如流星雨般落下，一阵歇斯底里的喷发后，又瞬间归于平静，像什么都不曾发生，只有那飘散在空中的硫磺味，还在诉说着它喷发时的辉煌。有人曾形容在夜晚观看喷发的伊苏尔火山，就如同是在观看一部立体电影，感觉妙极了！

◎神圣的伊苏尔火山

　　塔纳岛先人对火山充满原始崇拜，当地的居民经常向火山祈祷，乞求赐福。据说，山也很有灵性。在远古时代，如果部落里没有火种了，上山求火，火山会适时的将火石抛出。反之，若有火山不喜之人或有病之人上山，就可能被火山抛出的火石击中。当然，这也只是当地的一个传说而已。后来基督教传入，原始部落皈依基督，将圣山命名为耶稣 Isur，后演变为 Yasur，这就是"伊苏尔"一词来历。遥想当年，袅袅浓烟在山顶萦绕，数百人在山脚下唱咏起舞。大地在微微颤动，篝火与火山交相辉映，升腾的灰烟织成缥缈的面纱，罩住眼前的一切……那将是一个怎样和谐的画面。时至今日，当地人仍沿袭着古老的传统，过着简朴粗糙却载歌载舞的生活。

拓展思考

1. 瓦努阿图群岛包含哪些岛屿？
2. 伊苏尔火山有没有给当地居民带来过大的灾害？

地球上的火山峡谷

波波卡特佩特火山—— 冒烟的山

Bo Bo Ka Te Pei Te Huo Shan——Mao Yan De Shan

波波卡特佩特火山位于墨西哥境内，海拔 5452 米，是墨西哥第一高峰，也是世界上最活跃的火山之一。波波卡特佩特火山在十六至十七世纪经常喷发，1802 年也有喷发。至今的火山口仍不时喷发出大量含烟雾和含硫蒸汽的火山气体，因此，印第安人称其为"波波卡特佩特"，意为"冒烟的山峦"。

◎波波卡特佩特火山的地理位置

波波卡特佩特火山位于墨西哥城以西约 64 千米处，附近居民有 180 万人。整座山丘呈非常规则的圆锥形，但是火山口的形状却非常不规则，终年被水蒸气和火山灰顶峰终年积雪，东坡有冰川。火山口直径 800 米，深 150 米，内有含硫磺的沉积物。科学家表示，波波卡特佩特火山一旦喷发，就可能会喷射出大量火山灰蒙住天空，

※ 波波卡特佩特火山

并喷射出巨大的泥流冲入狭窄的山谷，带来的结果将会不堪设想。目前，这座火山自从 1920 年和 1922 年活跃过之后，至今一直都较为安静。虽然不时的有一些小规模的喷发，且当地政府都采取了相应的措施，并没有造成太大的人员伤亡。

◎波波卡特佩特火山的喷发历史

波波卡特佩特火山从 1994 年底开始进入活动期后，便开始了不间断的小规模喷发，喷发规模较大的几次有：

※ 冒烟的山峦

1997 年 6 月 30 日，波波卡特佩特火山发生了较大规模的喷发，喷出的火山灰和水蒸气高达 15000 米。

2000 年 12 月，波波卡特佩特火山便接连不断的喷发。12 月 18 日，火山开始喷发出大量岩浆，并持续了 30 多个小时才停止；12 月 24 日，火山再次喷发，喷出火山灰柱高达 5000 多米；12 月 25 日下午，火山突然又开始喷发，伴随着一声轰隆巨响，柱状的灰烟伴随着大量火红的岩浆喷薄而出，直上云霄，高达 3500 多米。这次喷发持续时间很短，仅几分钟。岩浆的大量喷发危及到周围的居民，为了确保当地居民的安全，墨西哥政府将火山附近的 4 万多居民紧急撤离，并建立 64 个临时避难所。所幸并没有造成人员伤亡和较大的财产损失。

2005 年 12 月 1 日，波波卡特佩特火山再次活跃起来，喷射出高达 5000 米的尘埃烟柱。同时，还伴随有 30 分钟左右的轻微地震活动。火山喷发后，火山以北地区的一些村庄下起了由火山灰和水蒸汽混合形成的"火山雨"。火山喷发之前，墨西哥政府已经通知该地区的居民做好防护的准备，因此并没有造成任何损失。

2007 年 12 月 1 日，波波卡特佩特火山在一天内发生多次喷发，羽毛状烟尘和水蒸气从波波卡特佩特火山腾空而起，高达 2000 米，甚至在墨西哥城的街道上都能见到被风吹来的火山灰，但这不会对居民的生活带来危险。

2008年1月28日，波波卡特佩特火山发生多次喷发，喷出的水蒸气和火山灰高达3200米，伴随着烟雾升上天空。在接下来的24小内，波波卡特佩特火山共发生13次喷发，喷出的火山灰随风飘到火山的西北部地区。

面对如此活跃的波波卡特佩特火山，墨西哥当局已采取了更加严密的防范措施，以保证当地居民的安全。

※ "情侣" 火山

▶ 知识窗

　　在墨西哥国家，波波卡特佩特火山和伊斯塔西瓦特尔火山，被人们称为墨西哥的"情侣"火山。这是因为这两座火山是以墨西哥阿兹特克神话中的一对恋人的名字命名的。伊斯塔西瓦特尔火山与波波卡特佩特火山相对而栖，海拔5230米，由于火山全景像一位仰卧的女性，当地人也称其为"睡美人山"。在墨西哥的阿兹特克神话中，伊斯塔西瓦特尔是一位公主，爱上了她父亲麾下的战士波波卡特佩特，当她误以为心上人战死后，悲痛而亡。从战场上归来的波波卡特佩特得知公主的死讯，伤心欲绝，向她的尸体哀悼，众神被他们的真挚爱情所感动，便用冰雪覆盖了二人，把他们变成了两座相连的火山，让他们永远在一起。

　　虽然两座火山紧密相连，但伊斯塔西瓦特尔火山却一直沉寂，没有从记载中看到它的异动。但是，自然界的法则告诉我，没有异动并不表示它永远沉默。也许在未来的某一天，汩汩通红的岩浆，就会从她的丰满厚重的躯体中爆发出来。

拓展思考

1. 波波卡特佩特火山和伊斯塔西瓦特尔火山的区别在哪里？

2. 请简述一下伊斯塔西瓦特尔火山的基本概况。

3. 波波卡特佩特火山除了上述的爆发时间，还在什么时间爆发过？

镜泊湖火山—— 火山口原始林带

Jing Bo Hu Huo Shan—— Huo Shan Kou Yuan Shi Lin Dai

镜泊湖火山是一座曾经爆发的休眠火山。大约在一万年前爆发，形成大小不等、形状不一的 10 个火山口。经沧桑岁月，成为低陷的原始林带，故称火山口原始林木。火山喷发停止后，火山顶总自然下塌陷落，形成了内壁陡峭、大小不等、形状不一的十个火山口。火山口内有积水，土壤十分肥沃，松鼠为生存把大量的种子贮存在陡峭裂壁内，于是无心插柳柳成荫，火山口经过沧桑岁月，披上了绿色植物的羽衣，成为低陷的原始林带，故又称"地下原始森林"。森林中生长着浓郁茂密的林木，而且很多都是稀有物种。此外，镜泊湖火山喷发物阻塞了牡丹江，形成了我国最大的火山堰塞湖——镜泊湖。镜泊湖火山喷发所造成的自然奇观，每年都吸引着高达 10 万人次的游客前来参观。

> **知识窗**
>
> 堰塞湖是由火山熔岩流，冰碛物或由地震活动等原因引起山崩滑坡体等堵截河谷或河床后贮水而形成的湖泊。由火山溶岩流堵截而形成的湖泊又称为熔岩堰塞湖。堰塞湖也有一些人为因素所造成的，例如：炸药击发、工程挖掘等。中国东北的五大连池、镜泊湖等，都是著名的堰塞湖，汶川地震形成的一系列堰塞湖。值得注意的是，堰塞湖的堵塞物也会发生变化，它们会受到湖水的冲刷、侵蚀、溶解、崩塌等等。一旦堵塞物被破坏，湖水便漫溢而出，倾泻而下，形成洪灾，给人们带来极大的灾害。

◎镜泊湖——火山喷发的奇观

说到镜泊湖火山，就不得不提到镜泊湖，因为它们是一个不可分割的整体。在一万年以前，火山经过多次喷发，大量的熔岩拦腰截断了牡丹江，像三峡大坝一样，使上游水位逐渐提升，形成现在这个美丽的高山平湖。镜泊湖位于黑龙江省东南部张广才岭与老爷岭之间，即宁安市西南50 千米处，距牡丹江市区 110 千米。镜泊湖状似蝴蝶，其西北、东南两翼逐渐翘起，湖中分布着星罗棋布的大小岛屿。湖水南浅北深，湖面海拔350 米，最深处超过 60 米，最浅处则只有 1 米；湖形狭长，南北长 45 千米，东西最宽处 6 千米，面积约 91.5 平方千米。镜泊湖在历史上被称阿

※ 镜泊湖风光

卜、卜隆湖，唐玄宗开元元年（713年）称忽汗海。由于它水平如镜，光彩照人，明志始呼镜泊湖，清甲称为毕尔腾湖，今仍通称为镜泊湖，意为清平如镜。神奇、美丽的镜泊湖犹如一颗璀璨的明珠镶嵌在祖国的北部边陲，它独特的魅力吸引了世人关注的目光。

◎镜泊湖景观

　　吊水楼瀑布：吊水楼瀑布是世界最大的玄武岩瀑布。位于镜泊湖北端，是镜泊湖水泻入牡丹江的出口，因此又叫镜泊湖瀑布。瀑布幅宽约70余米，雨水量大时，幅宽达300余米，落差20米。因受下跌水流冲蚀，瀑底形成直径70米、深60米的圆形水潭，叫"黑龙潭"。每当

雨季或汛期来临，瀑水飞泻直下，浪花四溅，气势磅礴，震声如雷。只有身临此处，才能感觉到当地人称其为吊水楼，真是恰如其分。吊水楼瀑布是我国著名瀑布之一，已成为旅游胜景。

※ 吊水楼瀑布

熔岩隧道：在火山口原始森林东南方约 13000 米的地方，有几处国内外罕见的

※ 熔岩

"熔岩隧道"，给镜泊湖又添上了一层神秘的色彩。熔岩隧道即地下熔岩洞，又称熔岩河。一万多年前，镜泊火山群爆发，溢出岩浆，沿沟谷向东南顺流而下，其外层冷却凝固成硬壳，而内部炽热继续潜流，岩浆流尽，最终形成了现在的地下熔岩洞。在 200 多平方千米熔岩台地之下，已发现五条较大的熔岩洞。其中，最高达 6 米，最宽达 30 米，最长达 500 米。由于熔岩地质作用，而形成了各种奇幻之形，有如雕似琢的蟠龙，栩栩如生；有跌宕而下的瀑布，晶莹闪烁。洞内曲折深邃，千姿百态，巧夺天工；洞底平坦似水波，转弯处有转盘道。就是在炎热的夏季，洞中温度也保持在 0℃ 左右，随处可看到尚存的溶冰残雪，置身其中，犹如进入冰清玉洁的世界。

地球上的火山峡谷

◎镜泊湖火山口原始森林

火山口原始森林公园是国家级自然保护区，位于镜泊湖西北约 50 千米，坐落在张广才岭海拔 1000 米的深山区。走进这片原始森林，会看到些长满了红松、紫椴、黄菠萝、水曲柳、黄花松、鱼鳞松和落叶松等珍贵树种。这些树木的生命全部在百年以上，多则五、六百年，树高一般都在

※ 原始森林里的参天大树

40 米左右，最高的达 100 米，火山口的木材蓄积量很大，非常珍贵。整个森林面积达 669 平方千米，走进这座森林，就仿佛走进了一个层林密布、林涛滚滚、郁郁葱葱、幽雅恬静的绿色宝库，感觉是真正的回归到了大自然的怀抱。

地下森林不仅生长着丰富多样植物，也有各种各样的动物。当你在森林中沿着台阶拾级而下时，时不时的就会看到鸟、蛇、兔、鼠等小动物穿梭于树林草丛中，一片生机盎然的景象。这里不仅有很多小动物，而且像马鹿、野猪、黑熊这样的大动物也会时隐时现，甚至连罕见的国家保护动物青羊也经常出入其间。如此物种丰富的森林，在我国颇为少见，这也成了中外地理学家、历史学家、生物学家进行科学研究的理想基地。

拓展思考

1. 镜泊湖有哪些美丽的传说？
2. 吊水楼瀑布是如何形成的？
3. 镜泊湖周边有哪些文物古迹？

阿空加瓜火山—— 世界上海拔最高的火山

A Kong Jia Gua Huo Shan——Shi Jie Shang Hai Ba Zui Gao De Huo Shan

阿 空加瓜火山有一个美丽的绰号——"美洲巨人"。这主要是因为阿空加瓜火山海拔 6959 米，是世界公认的西半球最高峰。"阿空加瓜"在瓦皮族语中是"巨人瞭望台"的意思。阿空加瓜山位于南纬 32°39′、西经 70°01′，地处阿根廷门多萨省西北端，山峰坐落在安第斯山脉北部，峰项在阿根廷西北部门多萨省境，为世界最高的死火山。

◎阿空加瓜火山的形成

阿空加瓜火山主要由火山岩构成，是由第三纪的沉积岩层褶皱抬升，同时伴随着岩浆侵入和火山作用而形成的。阿空加瓜火山东、南侧雪线高 4500 米，由于海拔较高，山上常年冰雪覆盖，冰雪厚达高达 90 米左右。阿空加瓜山山顶西侧因降水较少，没有终年积雪。山麓多温泉，附近著名的自然奇观印加桥为疗养和旅游胜地。

※ 阿空加瓜火山

因此，阿空加瓜火山吸引了大量的游客前去游玩。

◎阿空加瓜山的攀登路线

阿空加瓜山海拔 6959 米，这个数字念起来再简单不过了，然而想要登上它的顶峰，却没有那么容易。第一个登上阿空加瓜顶峰的人是马蒂阿斯·朱布里金，他登峰成功的时间在 1897 年 1 月 14 日；历史上最快的登顶时间为 1991 年所纪录的 5 小时 45 分。此后，又有无数的登山爱好者向阿空加瓜山挑战，试图征服这座"巨人"。

从阿空加瓜山四面都可以登上顶峰，北坡攀登较容易，南坡较难。最理想的登山时间是每年的 12 月份到次年的 2 月份。

大多数的登山者通常都会在加印加桥出发，然后经过奥康内斯溪谷荒山向西攀登。途中会经过三个营地，第一个营地是在海拔 3962 米的高度，这里建有木棚屋，供登山者在此稍作休息或者躲避暴风雪；第二个营地是在海拔 5000 米的地方；在海拔 6500 米处有最后一个棚屋，这也是登山者的最后营地，这里距离顶峰 459 米，是最难征服的一段路程，虽然只有短短的 459 米，可是从这里到山顶却至少要花费 7 个小时，由此可见其艰难程度。

并不是每个人都能随便去攀登阿空加瓜山的，想要攀登阿空加瓜山则必须要申请入山许可证才行。据火山管理处统计，这里每年约有 3000 人攀登阿空加瓜山，70% 的人都能够成功登上顶峰。

>▶ 知 识 窗 ◀

卡诺塔纪念墙是阿空加瓜山重要的历史遗迹，当年圣马丁就是从这里率领安第斯山军越过山脉进入智利；然后取道海路进攻秘鲁，从而扭转战争形势，将西班牙势力彻底打垮，推翻殖民统治。卡诺塔纪念墙以西的维利亚西奥村，这个风景如画的小镇坐落在海拔 1800 米的高地上，有一所著名的温泉疗养旅馆。

>▶ 拓展思考 ◀
>
>1. 阿空加瓜火山地质地貌如何？
>2. 阿空加瓜火山还有哪些攀登路线？

第二章 世界各地的火山大观
SHIJIEGEDIDEHUOSHANDAGUAN

地球上的火山峡谷

坦博拉火山—— 影响全球的火山喷发

Tan Bo La Huo Shan—— Ying Xiang Quan Qiu De Huo Shan Pen Fa

太阳已经落山了，印尼坦博拉村的一个女人正在厨房忙着做晚饭，准备为劳作一日的男人做一顿可口的饭菜。她探着身子，拿着已经洗好的菜，随后抽出橱柜内的菜刀。正当她回头取一个玻璃器皿时，屋外涌进的火山岩浆将她淹没，还没等她明白过来是怎么回事，一个村落就此消失了。而造成这场灾难的，正是坦博拉火山的喷发。

◎坦博拉火山概况

位于印尼松巴哇岛的坦博拉火山，地处东经118°，南纬8.25°，是一座活跃的复合型火山，海拔2850米。坦博拉火山火山口直径为6～7千米，深度为600米～700米，是印度尼西亚群岛的最高的山峰之一，在1815年4月火山活动达到顶峰。此次火山爆发，释放的能量相当于第二次世界大战末期美国投在日本广岛的那颗原子弹爆炸威力的8000万倍，是人类目前所知道的最猛烈的火山爆发。

◎坦博拉火山的记录年——1815年

1815年4月5日，在印尼中部，以松巴哇岛为中心，方圆1400千米的人几乎在同一时间都听到了一声巨大的爆炸声响，不久消息传开，位于松巴哇岛上的坦博拉火山爆发了。火山喷发之时，三根火柱直冲云霄。滚滚浓烟呼呼喷出，阵阵烈焰熊熊燃烧，气流卷起的石块和灰尘，瞬间遮住骄阳。随后，火山灰像瀑布一样的倾注到了松巴哇岛以及龙日、巴厦、马都拉和爪哇等其他岛屿。无数火山灰及沙土被抛向方圆500千米的天空，整个天空顿时被玄色笼罩着，四下漆黑一片，黑暗使得与法国领土同样大小的附近有几百万人的村庄瞬间陷入一片恐慌与绝望之中。五天之后，也就是1815年4月10日晚7时左右；坦博拉火山岩再次爆发；4月12日中午时分，在距火山几百千米以外的爪哇岛，天空黑得几乎伸手不见五指；直到7月15日，坦博拉火山才停止喷射气体和火山灰。此次喷发断断续续持续了将近百余天的时间。

坦博拉火山此次的喷发，创下了人类历史上最大规模的火山喷发记录。火山喷发后，从火山口倾泻下来的熔岩流，在淹没了山脚下大片农田后，流入海中，激起冲天水雾。火山爆发时伴随的地震使海底地壳沉陷，引起了海啸，巨浪将位于火山旁的坦博拉镇吞没了，约 1 万名居民当场死亡。火山喷发后，海啸接踵而来。接着，伴随而来的疾病和饥荒又导致 8.2 万人丧生。同时，坦博拉火山喷出的火山灰在地球大气圈中形成一个层面，它遮挡了太阳进入整个地球的光和热。结果出现了有一段时期潮湿的天气，雪中带有红、蓝和棕色的尘土，落日呈现出鲜艳的色彩。可以说，坦博拉的火山喷发影响了整个世界一年多的气候状况。

坦博拉火山喷发后，火山上部失去了 700 亿吨山体，形成了一个直径达 6000 多米，深 700 米的巨大火山口。原来构成这座火山的几十亿立方米的岩石，变成了碎石、炽热的沙土和灰烬。火山高度也由原来的海拔 4000 米降低为了 2500 米左右，山顶被喷掉了。火山喷出的火山灰总共有 600 亿吨之多，堆积厚度由近向远逐渐变薄，在火山口 40 千米外的地方，火山灰足有 13 米厚。在距坦博拉 3 千米处地区的住宅及其他建筑物，全被厚厚的火山灰压垮。在距火山 400 千米的地方，火山灰仍有 22 厘米厚。而火山四周附近的国家，其火山灰有足足一米厚。著名的比利时火山专家哈伦·塔齐耶夫曾在《面对蟊鬼》一书中写道："假如如此大量的火山灰和石块喷射在巴黎，那么巴黎就会耸起高达 1000 多米的坟丘。"

▶ 知 识 窗

　　坦博拉火山自从 1815 年爆发之后，1913 年又有一次小规模喷发，没有造成任何伤亡。直到如今，这个创造了世界纪录的火山一直在沉睡之中，或许它在为下一次喷发积蓄着力量。如果再次发生如同 1815 年坦博拉火山爆发那样规模的火山爆发，将会引起更为不幸的灾难。因此，印度尼西亚的火山活动受到持续的监控，其中也包括坦博拉火山。

| 拓展思考 |

1. 有哪些国家会受到坦博拉火山喷发的影响？
2. 坦博拉火山目前有喷发的迹象吗？

冒纳罗亚火山—— 世界体积最大的火山

Mao Na Luo Ya Huo Shan——Shi Jie Ti Ji Zui Da De Huo Shan

冒纳罗亚火山是夏威夷岛中南部的一个活跃盾状火山，虽然它峰顶比相邻的冒纳凯亚火山要低 36 米，但夏威夷人仍然把它命名为"MaunaLoa"，意为"长山"。在夏威夷火山国家公园内，为世界最大孤立山体之一。从水深 6000 米的太平洋底部耸立起来，海底到山顶的高度超过一万米，比珠穆朗玛峰还高一千多米。其穹丘长 120 千米，宽 103 千米，熔岩流经面积达 5120 平方千米，火山体积达 75000 立方千米。该火山冬季顶部常被冰雪覆盖，远远看去，犹如一座雄伟壮阔的高大雪山。

◎体积最大的火山

冒纳罗亚火山不仅是世界上体积最大的火山，也是世界上活跃最频繁的活火山之一，平均每三年就要喷发一次。山顶的大火山口叫莫卡维奥维奥，意思为"火烧岛"。火山爆发带来周期性和毁灭性破坏，凡岩浆流经之处，森林焚毁，房屋倒塌，交通断绝。从冒纳罗亚火山喷发出的熔岩流动性非常高，导致该火山的坡度十分小。据科学家估算，冒纳罗亚火山喷发了至少 70 万年，约在 40 万年前露出海平面，但当地已知最古老的岩石年龄不超过 20 万年。海岛之下其中一个热点的岩浆在过去千万年来形成了夏威夷岛链。随着太平洋板块的缓慢漂泊，冒纳罗亚火山最终被带离热点，并将在 50～100 万年后停止喷发。

◎喷发经历

在过去的二百年之间，冒纳罗亚火山曾有过 35 次大型的喷发，直至今天，该火山山顶上还留有好几个锅状型的火山口和宽达 2700 米的大型破火山口。

1950 年，冒纳罗亚火山爆发，火山喷出的熔岩顺着倾斜的山体向低处流去，一直蔓延到约 50 余千米之外，当滚烫的熔岩流流入海水中时，海水沸腾，蒸气滚滚，致使一些鱼虾因高温而死亡，海面上漂浮着大量的死鱼虾，极大的影响了海洋的生态平衡。1959 年 11 月，冒纳罗亚火山再

※ 冒纳罗亚火山

次爆发，当时沸腾的熔岩冒着气泡从一个长达 1 千米多的缺口处喷射出来，持续时间长达一个月之久，其中岩浆喷出的最高高度超过了纽约的帝国大厦。1984 年 3 月，冒纳罗亚火山又一次爆发，这次爆发形成了举世罕见的壮丽景色，吸引了众多来自世界各地的游客前来参观。

知识窗

　　夏威夷群岛位于太平洋底地壳断裂带上，是著名的火山活动区，因为夏威夷群岛是由地壳断裂处喷发出的岩浆形成的，直至现在，一些岛上的火山口还经常发生火山喷发活动。如夏威夷岛上的基拉韦厄火山、冒纳罗亚火山，毛伊岛上的哈里阿卡拉火山，这些都是现代经常喷发的活火山。

拓展思考

1. 冒纳罗亚火山是在什么时候露出海平面的？
2. 夏威夷群岛上有多少种常见的火山？

樱岛火山—— 让人又爱又恨的火山

Ying Dao Huo Shan——Rang Ren You Ai You Hen

日本的鹿儿岛是由火山群组成的一个岛屿，而在这众多的火山群中，最活跃的一座就是樱岛火山。樱岛火山是由北岳（海拔 1117 米）、中岳（海拔 1060 米）与南岳（海拔 1040 米）所组成，面积约为 77 平方千米。站在鹿儿岛市的街头就可以看到这座世界著名的樱岛火山，因此，樱岛火山成为了鹿儿岛的象征。

◎樱岛火山基本情况

樱岛火山是一座活火山岛，距离鹿儿岛市区仅仅只有 4 千米的路程。这座火山在约 1 万 3 千年前形成，原先也是海底火山，在 3000 年前开始爆发，时喷时停。当人们在樱岛散步时，仍然能看到火山在喷出股股浓浓的白烟，宛如白云飘浮在碧空。站在樱岛半山腰的汤之平展望台，晴天时可眺望远方的雾岛。樱岛的游客通常会得到火山活动的构成组织及火山与

※ 樱岛火山

居民的关系等介绍，如果登上樱岛的时候是黄昏，那时岛上几乎没有游客，站在黑色的熔岩上，周围树木稀少，冷风吹来，会有置身月球的幻觉。

樱岛火山口每日不断变幻的烟雾是这里最重要的风景，两岛间一泓碧澄海水也显得格外柔情款款。可以说，樱岛成就了鹿儿岛的美丽。

◎火山喷发历史

据记载，樱岛火山曾爆发过 30 次以上，最猛烈的一次是在 1914 年（日本当地人称其为大正大喷火）。伴随着里氏 7.1 级的地震，火山灰一度被抛到海拔 10000 米的高空。共喷发出火山灰、熔岩、泥石达 2 亿立方米（总重约 32 亿吨），将附近的村庄和大海吞没，填平了当时樱岛和大隅半岛之间的海峡，使两者相连，不再是寂寞的孤岛。岛上受灾最重的黑神地区有一个高 3 米的牌楼（日称：鸟居）遭火山灰埋没后高度不到 1 米，曾几何时高高在上，蔚为奇景。樱岛火山至今依然日夜喷发不止。从樱岛上吹来的风，夹带着黑色熔岩尘土，直接进入了鹿儿岛居民的阳台。有时樱岛还会喷出高达 2000～3000 米的烟雾。

根据历史记载，从 1471 年起的 10 年，曾经陆续有 5 次大规模的火山爆发记录，其中还产生出数个新的小岛。据说樱岛的形状，就像是一片漂浮在海面上的樱花花瓣，而流传下美丽的岛名。

日本火山观测人员从 1955 年起，开始观测樱岛火山的喷发情况，在 1985 年这一年内喷发 474 次；2009 年，一年喷发 548 次；2010 年，这座活火山喷发 896 次。2011 年 12 月 9 日，日本共同社报道，樱岛火山 2011 年已喷发 895 次。

◎发达的旅游业

樱岛火山几乎每天都有小型的喷发，火山岛上有常驻居民，大约 1 万人，还有一座小学。一半是海水，一半是火焰。何况，每天还要面对时刻都会喷发危险的火山，还有弥天的火山灰！在生态环境如此恶劣的地方，为何还能有这么多居民呢？原来，这里是日本国立火山公园。奇异的火山景观，海滨熔岩间的无数温泉，再加上得天独厚的物产——全世界最大的萝卜和全世界最小的蜜橘，吸引着五洲四海的无数观光客。作为樱岛的居民，谁愿意放弃这巨大的商机——巨额的旅游业收入呢！

知识窗

　　任何事情有得就有失，这一个生活哲理在樱岛火山上被充分的体现了出来。人们在经受着火山带来的烦恼之时，也在享受着它带来的好处。樱岛火山由黑黝黝的火山土壤所孕育而成的樱岛大根（即大萝卜），重达30千克，每个都生得非常巨大，大到被列入吉尼斯世界纪录，顺理成章成为樱岛特产。由于大根香甜多汁，周边小食也应运而生，如酸萝卜、萝卜干等。此外还有世界最小的蜜橘——樱岛蜜橘，成为岛上居民的重要经济来源之一。

拓展思考

1. 樱岛火山上有樱花树吗？
2. 日本国立火山公园是什么时候成立的？

地球上的火山峡谷

维苏威火山—— 欧洲最危险的火山

Wei Su Wei Huo Shan——Ou Zhou Zui Wei Xian De Huo Shan

意大利维苏威火山是欧洲大陆惟一的一座活火山，维苏威火山是意大利乃至全世界最著名的火山之一，位于那不勒斯市东南，海拔 1281 米。维苏威火山在历史上曾多次喷发，其中最为著名的一次是公元 79 年的大规模喷发，灼热的火山碎屑流毁灭了当时极为繁华的拥有 2 万人口的庞贝古城，这是一个震惊全球有巨大损失的灾难。目前，没有人能够预测其下一次爆发会在何时，所以，该火山已经被认为是"意大利最大的公众安全隐患""欧洲最危险的火山"。

※ 维苏威火山

◎火山概况

意大利维苏威火山原是海湾中的一个岛屿，因火山爆发与喷发物质的

地球上的火山峡谷

堆积和陆地连成一片，便形成了现在的火山。公元 79 年的一次大喷发，把附近的庞贝、赫库兰尼姆与斯塔比亚等城全部湮没，从此以后，维苏威火山陆陆续续 30 多次喷发，最后一次是在 1944 年。这次喷发是在二战间，据说喷出的火山砾高达几百米，正在作战的同盟军和纳粹军被眼前一幕惊呆了，都停止了战斗，跑去观看自然奇观。维苏威火山大喷发的年份分别是 1660 年、1682 年、1694 年、1698 年、1707 年、1737 年、1760 年、1767 年、1779 年、1794 年、1822 年、1834 年、1839 年、1850 年、1855 年、1861 年、1868 年、1872 年、1906 年和 1944 年。每一喷发期长度从 6 个月至 30.75 年不等，静止期从 18 个月至 7.5 年。从高空俯瞰维苏威火山，是一个美丽的圆弧火山口，这正是火山大喷发所留下来的印迹。由于火山一直很活跃，植被一直没有长出，所以整个山体看上去光秃秃的。

◎随时都会喷发的火山

一些地质科学家们普遍认为，维苏威火山地处欧亚板块、印度洋板块和非洲板块边缘，在各板块的漂移和相互撞击挤压下，大约在 2.5 万年之前形成。维苏威火山每隔两千年就会有一次大规模的喷发，不时还会有许多小规模的喷发。可是从 1944 年到现在，维苏威火山一直"休眠"，让人很是揪心。现在距另一个两千年越来越近，意大利政府也担心火山随时都有爆发的一天。目前，维苏威火山正处在爆发结束以后一个新的沉寂期。如果按照它以往的记录推算的话，维苏威火山的下一个活跃期距离我们今天还相当遥远。但是，大自然的活动有时并不严格遵循某种规则，说不定什么时候就会有一股热流从火山口冲出地面。虽然出现这种现象的可能性并不大，但也绝非不可能。尽管自 1944 年以来维苏威火山没再出现喷发活动，但平时维苏威火山仍不时的有喷气现象，说明火山并未"死去"，只是处于休眠状态。维苏威火山何时再张开它的"大口"呢？维苏威火山横贯那不勒斯湾，从那不勒斯市区一直延伸到广阔的郊区。专家指出，如果政府不能提高警惕并做好适当准备，一旦火山再次爆发，拥有 300 万居民的那不勒斯市将受到重创。

◎庞贝古城

庞贝城是亚平宁半岛西南角坎佩尼亚地区一座历史悠久的古城，位于维苏威火山西南脚下 10 千米处。公元 76 年 8 月 24 日，一个风和日丽的美好的平常日子，庞贝人一如往常快乐的生活着。突然维苏威火山在毫无

※ 庞贝古城

预警的情况下猛然爆发，火山熔岩刹那间冲上 32 千米之高，炙热的熔岩和滚滚烟尘似排山倒海而来。庞贝和赫库兰尼姆在短短几小时就被深深掩埋，无数居民躲避不及瞬间被泛埋。千年名城庞贝，连同它的居民和文明，在一夜之间消失了。

　　1594 年，人们在萨尔诺河畔修建饮水渠时发现了一块上面刻有"庞贝"字样的石头；1707 年，人们在维苏威火山脚下的一座花园里打井时，挖掘出三尊衣饰华丽的女性雕像。当时人们以为这些不过是那不勒斯海湾沿岸古代遗址中的文物，没有人意识到，一座古代城市此刻正完整密封在他们脚下占地近 0.65 平方千米的火山岩屑中。直到 1876 年，这些遗迹才引起了国家政府的重视，便组织了一批考古学家对其进行挖掘。经过百余年七、八代专家的持续工作以及数千名工作人员的辛勤维护，终于将庞贝古城这一惊心动魄的一幕真实的再现于世人面前，大型建筑群遗址的发掘，珍宝、绘画和雕塑的发现，人体化石的出土……无一不展示了它昔日的辉煌及瞬间陨落的历史。参与发掘庞贝城的历史学家瓦尼奥说："那是多么令人惊骇的景象啊！许多人在睡梦中死去，也有人在家门口死去，他们高举手臂张口喘着大气；不少人家面包仍在烤炉上，狗还拴在门边的链子上；奴隶们还带着绳索；图书馆架上摆放着草纸做成的书卷，墙上还贴着选举标语，涂写着爱情的词句……"这些景象，充分展示了当时古城的数万生灵是怎样突然被活生生地扯断了生活链！似乎一切都又回到过去，景致依然人却走了，留下了一座空城让人凭吊。

| 拓展思考 |

1. 请你描述一下庞贝古城的繁荣景象。
2. 维苏威火山一旦爆发会带来什么样的危害？

尼拉贡戈火山—— 最致命的一座火山

Ni La Gong Ge Hua Shan——Zui Zhi Ming De Yi Zuo Huo Shan

尼拉贡戈火山是非洲最著名的火山之一，位于刚果（金）北基伍省省会戈马市以北10千米，南纬1.52°，东经29.25°，海拔3469米，是非洲中部维龙加火山群中的活火山，也是非洲最危险的火山之一。科学家预计其一旦喷发将造成不可估量的损失。尼拉贡戈火山位于刚果民主共和国东部的内战交战区，由于厉处位置十分危险，科学家现在还无法对于尼拉贡戈火山何时喷发进行频繁的研究和预测，而他们对于该座火山巨大的火山口也鲜有了解。所以，尼拉贡戈火山被称为是最危险的火山。

※ 尼拉贡戈火山

◎火山概况

戈马市为刚果（金）东部旅游城市，人口在25万左右。地处基伍湖北岸，尼拉贡戈火山南麓，与卢安达城市吉塞尼相邻。戈马市就建立在尼拉贡戈火山爆发后形成的坦平岩石上，背山面湖，风景优美，尤以火山风光著称。登上戈马山峰，既可俯视全市，附近的平湖、奇洞以及壮观的火山景色，也都历历在目。

在尼拉贡戈火山的顶部，有一个活动的熔岩湖。与其周围低平的盾形火山不同的是，尼拉贡戈火山是具有陡坡的层状火山，以至于在它附近的 Baruta 和 Shaheru 两座更老的火山，都被尼拉贡戈火山覆盖了很大一部分。在 Shaheru 火山的南部，大约有 100 座寄生锥呈放射状分布，这些火山锥都被尼拉贡戈火山喷发时侧向溢流的熔岩流埋葬了。

◎喷发历史

在过去的 150 年间，尼拉贡戈火山曾经已经喷发了 50 多次。尽管不间断的喷发给当地的居民带来了有很大的潜在危险，但由于其火山周围有肥沃的火山土壤，并且靠近湖泊，非常有利于农作物的生长，因此，很多居民都乐意在此居住。1948 年、1972 年、1975 年、1977 年、1986 年、2002 年尼拉贡戈火山都发生过猛烈喷发。1977 年 1 月火山喷发在近半小时内共造成约 2000 人死亡。

2002 年 1 月 17 日，尼拉贡戈火山再度喷发，由于火山附近的居民已经长期饱受内战困扰，使人们对火山喷发的应对能力大大减弱了。当时，居民没有发现火山喷发的任何征兆。格玛（Goma）镇距火山 18 千米，1 米～2 米高的岩浆吞没了整个小镇，毁坏了附近的 14 个村庄，造成至少 147 人死亡，多人受伤，约 35 万人受到影响，3 万人居无定所，12500 个家庭被毁。这次火山爆发给当地居民的生活带来极大不便，没有足够的自来水供给，也没有足够的隐蔽处。有的人甚至一两天都不能吃上一顿饭，人们纷纷逃离该市，路上有很多与父母失散的孩子。大约有 10 万名戈马市居民被迫逃离家园，进入卢旺达吉塞尼镇。

◎最危险的火山

尼拉贡戈火山具有层状火山特有的陡峭山坡。如此陡峭的山坡，一旦喷发之后，高碳含量的岩浆将会在山坡上形成高速奔腾的岩浆流，而岩浆一般只有在缓慢流动的情况下才不具有杀伤力。1977 年的那次火山爆发，火山口的熔岩湖喷涌而出，在 1 小时之内就淹没了周围 20 平方千米的土地，使大约 70 人丧生。现在，靠近尼拉贡戈火山的戈马镇，人口聚集，是数百万人生活的家园。如果尼拉贡戈火山喷发，后果将不堪设想。意大利地震学家达利奥·特德斯库在欧盟的资助下，过去 15 年一直在对尼拉贡戈火山进行研究。他一直在努力把科学界的注意力转移到这座火山上，他表示，毫无疑问尼拉贡戈火山会再次喷发。他对《国家地理》杂志说："戈马是世界上最危险的城市。"

▶ 知 识 窗

刚果是非洲西部的一个国家，由于国家长期内乱，很多村民为了躲避造反者和政府军纷纷逃往尼拉贡戈火山脚下的戈马市，使该市的人口一直在迅速增加，达 100 万之多。据科学家预测，位于山下的城市戈马重蹈庞贝古城的覆辙是迟早的事。但是由于它坐落在饱受战乱蹂躏的刚果东部地区，科学家并不了解它的两个 3.22 千米高的大熔岩"炉"，因此也不清楚这种毁灭性灾难何时会发生。

拓展思考

1. 非洲有哪些著名的火山？
2. 刚果国家发生了哪些战争？

地球上的火山峡谷

伊拉苏火山—— 最美的火山

Yi La Su Huo Shan—— Zui Mei De Huo Shan

※ 伊拉苏火山

伊拉苏火山是哥斯达黎加的一座活火山，位于哥斯达黎加首都圣何塞以东约 60 千米处，海拔 3432 米，其火山口直径 1050 米，深 300 米，底部有一潭碧绿的积水，上方则烟雾缭绕，气象万千，伊拉苏火山因其独特的生物多样性和美不胜收的景致，成了哥斯达黎加名副其实的生态旅游胜地，被越来越多的来自世界各地的游客观访。

▶ 知 识 窗 ◀

哥斯达黎加是北美洲的一个共和国，总面积 5.11 万平方千米。位于中美洲南部。东临加勒比海，西濒太平洋，北接尼加拉瓜，东南与巴拿马相连。海岸线长 1200 千米。哥斯达黎加是世界上第一个不设军队的国家，首都在圣何塞。哥斯达黎加尽管仍是一个农业国家，但已经取得相对较高的生活水平，土地所有权普遍扩张，而且旅游业蓬勃发展，同时，由于是中美洲和南美洲的文化交汇处而拥有多样的文化。哥斯达黎加境内有十几个火山，以至于在它的国徽上都有 3 个火山的图形。

◎火山概况

在哥斯达黎加众多的火山当中，伊拉苏火山是这些火山中最高的一个，也是中央山脉的最高峰，站在山上，可以眺望到太平洋和大西洋的景色。伊拉苏火山主要由玄武岩和安山岩组成，是一座间歇性火山，1841 年、1920 年伊拉苏火山曾经喷发过两次。1963 年 3 月，火山又一次喷发。在火山爆发前五天，大地一直在颤抖，隆隆作响，火山喷发时，浓烟滚滚，大股黑灰向外喷射，升起 2000 米，山石横飞，熔岩奔流，毁坏了附近的村庄、农田和树，火山灰落满附近地面，甚至随风飞出 70 多千米，落遍整个中央高原。全国 10％ 的土地都被火山灰覆盖，哥斯达黎加首都圣约瑟也遭到火山灰的侵袭，城市街道整整清理了一年才恢复了整洁的面貌，据说这一年中清除的火山灰在 4 万吨以上。最近一次喷

※ 伊拉苏火山口底部碧绿的积水

发是在 1978 年，在山顶留有三个火山口，是它喷发的痕迹。

◎旅游价值

由于伊拉苏火山是哥斯达黎加最高的山，所以，站在火山顶上，你可以欣赏到整个国家的景观，还可以看到加勒比海和太平洋的景色。下午，火山顶多被浓雾和细雨笼罩。

伊拉苏火山并非像大多数火山一样是一个不毛之地，充满了恐怖和荒凉。这里风光旖旎，森林密布，花草茂盛，是不可多得的旅游胜地。从山顶往下看，白色的盘山公路象一条美丽的腰带缠绕着青翠的山岗，肥沃的火山灰为农业种植提供了有利条件，山谷里是碧绿、茁壮的庄稼，清澈的小溪在山间穿行，发出悦耳的响声，挺拔的青松生长在险峻的山石上，与那些森林、峡谷相比，别有一番风光。哥斯达黎加被誉为"中美洲的花园"，伊拉苏火山是这园中之园，它以自己独特的自然风光和火山奇景吸引着来自世界各地的旅游观光者。

拓展思考

1. 哥斯达黎加国家都有哪些火山？
2. 哥斯达黎加国家有哪些旅游景点？

雁荡山—— 古火山立体模型

Yan Dang Shan—— Gu Huo Shan Li Ti Mo Xing

雁荡山是亚洲大陆边缘巨型火山（岩）带中白垩纪火山的典型代表，是研究流文质火山岩的天然博物馆。雁荡山最早爆发于中生代早白垩纪。中生代属于地质年代的第 4 个代，约开始于 2.3 亿年前，结束于 6700 万年前。这段时期是地球历史上最引人注目的时代。这一时代，脊椎动物开始全面繁荣，爬行动物在海陆空都占据统治地位，又被称为"爬行动物时代"。中生代按先后次序又可分为三叠纪、侏罗纪和白垩纪 3 个纪。具有古老历史的雁荡山就是在 1.28 亿年至 1.08 亿年前的中生代晚期的早白垩纪爆发的。因此，雁荡山的一山一石都记录了距今 1.28～1.08 亿年间一座复活型破火山爆发、塌陷，复活、隆起的完整过程。同时，雁荡山也是一座流纹岩博物馆，地质书籍描述到的各种流纹岩，在这里都能找到。作为地球演化进程中重大事件的见证，雁荡山在世界地质价值上具有其独特性，它是大自然留给全人类的珍贵遗产。

◎雁荡山概况

素有"海上名山""寰中绝胜"之称的雁荡山，是中国十大名山之一。根植于东海，山水形胜，文化底蕴丰富。2003 年上半年开始申报国家级地质公园，并于 2004 年 2 月成为我国第三批地质公园之一，成为浙江四大国家地质公园之一。雁荡山主要位于中国浙江省乐清市境内，部分位于永嘉县及温岭市，距杭州 300 千米，距温

※ 雁荡山

州 70 千米。地质公园总面积 294.6 平方千米，包括三个园区：主园区包括灵峰、三折瀑、灵岩、大龙湫、雁湖西石梁洞、显胜门、仙桥—龙湖、

羊角洞等景区；东园区包括方山、长屿硐天；西园区为楠溪江。雁荡山属大型滨海山岳风景名胜区，最高海拔1056.6米，是不可错过的景点。

◎景观特色

　　雁荡山有着闻名天下的奇特景观，有雁湖岗、龙湫背之雄伟；云洞栈道之险；仙溪、清江山水之秀。登上百岗尖，俯瞰百座山冈于脚下，领略"山登绝顶我为峰"的高旷，下至海滨、乐清湾，欣赏"海到尽头天作岸"的平旷景观，都是美的享受。雁荡山以锐峰、叠嶂、怪洞、石门、飞瀑称绝，奇特造型，意境深邃，无不令人惊叹，素有"寰中绝胜"，"天下奇秀"之赞誉。雁荡山不附五岳、不类他山，而又独特的品格。古人云：不游雁荡是虚生；今人云：不游夜雁荡是虚生。雁荡山集山水美学、自然科学、历史文化于一山，属风景名山、科学名山与文化名山，兼备观光旅游、休闲度假、科学考察、科普教育、文化追踪、佛教朝觐于一体，具有世界级意义的宝贵遗产。

◎主要景点

灵峰

　　灵峰为雁荡山的东大门景区，总面积约46平方千米，是雁荡山最华美的乐章之一。与灵岩、大龙湫并称为"雁荡三绝"，为"雁荡三绝"之首。景区不仅以奇峰异洞为主要特色，尤以合掌峰、双笋峰、犀牛峰等众峰形成的灵峰夜景取胜，一步换景，姿态万千。步入景区即可见到惟妙惟肖的接客僧。沿鸣玉溪而上，山腋两壁，危峰乱叠，溪涧潺潺，境内观音洞被称为雁荡山第一大洞；道家北斗洞，使灵峰四周诸多青峰苍崖轮困郁盘，绕出一方如梦如幻的胜境；其他形态各异的云雾洞、透天洞、含珠洞、隐虎洞、罗汉洞、凉风洞，洞的形状各不相同，且洞洞相通，各有奇

地球上的火山峡谷

异景观，洞背还有东西瑶台，可览灵峰全景。另有石门潭、响岩门、果盒三景、朝阳嶂、碧霄峰等大小不同的 130 多个景点。游灵峰一定要看夜景，这才是雁荡山的精灵所在。白天看似普普通通的山峰，每当夜幕降临，诸峰剪出片片倩影，"雄鹰敛翅""犀牛望月""夫妻峰""相思女"……一一显灵，形神兼备，令人神思飞翔，浮想联翩。

※ 灵峰景区一角

雁荡瀑布

自古以来，人们赞叹雁荡山之美在于瀑，故素有"万条流泉千条瀑"之称。雁荡山有许多瀑布，能叫得出名的瀑布有二十余处，以大龙湫、散水岩、西大瀑、梅雨瀑、三折瀑最负盛名。这些瀑布，或银河倒挂，或飞龙狂舞，或白练轻舒，或如烟雨飘摇，因风、因雨、因地、因势而千姿百态，终年不息。

※ 大龙湫瀑布

大龙湫瀑布号称"天下第一瀑"，高约 190 余米，是我国落差最大的瀑布，与贵州黄果树瀑布、黄河壶口瀑布、黑龙江吊水楼瀑布并称中国四大瀑布，也是我国最秀美的十大瀑布之一。大龙湫瀑布的奇美就在于，上、中、下三段各具特色，观一瀑而阅天下之瀑。上段水捞从连云嶂顶奔涌而出，滔滔不绝，飞流直泻，如银龙在天，气势磅礴；中段水势渐缓，飘忽而下，顾长婀娜，在山风的吹卷中如烟、如雾、如云，下段则如珠帘帏幔轻垂而朦胧，款款落入一潭碧水之中，在水面上飞珠溅玉。清代袁枚《大龙湫》诗曰："龙湫之势高绝天，一线瀑走兜罗棉。五丈以上尚是水，十丈以下全是烟。况复百丈至千丈，水云烟雾难分焉。"散水岩，顾名思义，就是有水从岩崖上散落而下。环绕着散水岩的四周，是高耸的山峰峭壁，散水岩瀑布由半圆形的峭壁顶上，倾泻而下。散水岩瀑布的水量并不大，然而它的姿态却甚飘逸潇洒。由于瀑布后面的崖壁凹凸不平，散水岩瀑布飘落至半途，便触石而又溅散开来，瀑布从白练化为水珠，既而散成雨雾。阳光照射瀑面时，银光耀眼，色彩缤纷，格外妖娆。而当山风吹来，水珠雨雾随风飘舞，姿态万千。

灵岩

灵岩景区位于雁荡中心，面积约有 9 平方千米。灵岩被视为雁荡山的"明庭"，周围群峰环绕，环境清幽。以灵岩古刹为中心，后有灿若云锦的屏霞嶂，左右天柱、展旗二崖对峙，壁立千仞。因"浑庞"而生肃穆，人处其中，顿觉万虑俱息。灵峰使人情思飞动，灵岩则使人心境沉静。但人又怕沉静太过，于是就有"灵岩飞渡"

※ 灵岩景区一角

的准杂技表演。其实，灵岩也有许多奇巧的景点，如天窗洞、龙鼻水、龙湫、玉女峰、双珠瀑等，只是都被藏掖到隐蔽处去了。

拓展思考

1. 雁荡山有哪些地质地貌？
2. 在古人诗词之中，你知道哪些关于雁荡山的描写？

帕里库廷火山—— 最年轻的火山

Pa Li Ku Ting Huo Shan——Zui Nian Qing De Huo Shan

帕里库廷火山位于墨西哥米却肯州西部，在西马德雷山脉和墨西哥新火山带的交叉点上。火山的名字因其附近的帕里库廷村而得名。帕里库廷火山是北美洲最年轻的火山，也是世界相当年轻的火山，被许多人称为世界七大自然奇观之一。

※ 帕里库廷火山

◎火山的诞生

地球上存在着很多的火山，每一座火山大都有"诞生"到"死亡"的过程。然而，能被人们亲眼看见其成长全过程的，却是极为罕见。著名的"帕里库廷火山"就给了人们这样一个了解火山的天赐良机。

在1943年以前，墨西哥国家还不存在帕里库廷这座火山。墨西哥是一个隔着太平洋与我们遥遥相对的国家。在群山起伏，河流蜿蜒，气候温和，土质肥沃的墨西哥西南部。农民普利多在一个美丽的河谷里，种植了一块玉米地。那些日子，每当农民普里多光着脚丫在地里行走时，总觉得脚下泥土热乎乎的，似乎阳光对这里格外地关照。太阳落山以后这里的土地仍旧很热，甚至使他感到夜里睡在地里比睡在家里还暖和。

进入到 2 月份之后，普利多经常发现有淡淡的青烟从地里冒出来，他以为是天气干燥导致了地里的枯叶着火了，便铲了一些泥土盖在上面。可是，毫无效果，烟还是不断升起，越来越粗，越来越浓。1943 年 2 月 5 日，帕里库廷村附近的大地突然震动起来，还有人听到了来自地下的隆隆响声。轻微的地震没有引起人们太多的注意，但有逐渐加强的趋势。2 月 20 日下午四点多，他正靠着木犁在地里休息，突然听到来自地下的隆隆巨响，随即大地也剧烈地颤动起来，一股浓烟冲天而起。他站起来，向前望去，只见早些时候冒过烟的地面，出现了一条 6～7 厘米宽的裂口，并且越裂越长；大量的浓烟从裂缝中喷出，还嘶嘶作响，散发出一股难闻的硫磺气味；不一会，裂口附近的树木着火燃烧起来。

普里多亲眼看见了这一幕奇异的变化，他惊呆了，他预感到一种不祥的兆头，随即惊慌失措地跑回家中，大呼："奇迹！奇迹！"简单收拾了一下，拉着妻子，弃家逃命。当他们逃到附近的帕里库廷村时，汇入了张皇逃难的人群之中。原来附近的村民也感觉到了地震，看到了那股已经升的很高的、像一根巨大的柱子一般矗立着的浓烟。天渐渐的暗下来了，那股烟柱反而像熊熊燃烧的火把，在黑夜中闪闪发光，为人们照亮了逃难的路。天空中不断地掉下来细密的灰尘和火热的石块，在已经扩大了的裂口四周越堆越多，不过两个小时，就堆成了一个两米高的小丘，24 小时以后它长到了 30 米，一周后达到 100 多米，1 个月 140 米，3 个月 250 米。9 个月它开始喷射瓦斯和火山灰，其高温使周围 12 千米的地面都被烤焦，火山灰一直飘落到瓜达拉哈拉，甚至墨西哥城。

1944 年，熔岩逼近距帕里库廷火山 6 千米的一个小镇，6 月 27 日，最后一批居民从这个小镇撤走。库里帕廷火山不停地涌出炽热的熔岩，继续扩张着它的地盘，据 1945 年 11 月中旬至 12 月中旬的观测，每天涌出的熔岩有 3～4 万吨之多。库里帕廷火山喷出的物质不断地堆积，山体越堆越高，最高时高出原来的玉米地 400 多米。库里帕廷火山不停地喷涌，一口气喷涌了九年。1952 年 2～3 月间，它突然停止了喷涌，变得无声无息。这时的火山锥自原爆发的时候算起高 424 米，海拔高度 3170 米。

◎帕里库廷火山的价值

　　火山的出现本来是自然界中一件很平常的事情，但帕里库廷火山的诞生使普里多的玉米地变成了火山口，使它所在的帕里库廷村原形不在，使著名的圣胡安镇全体居民，被迫撤离了他们的家园。但值得庆幸的是，帕里库廷火山从始到终喷发的全过程一直被人们观察到，是历史上相当罕见的新火山形成目击事件，因此成为世界知名的火山故事代表，而且没有造成人员伤亡。这个从玉米地里"长"出来的火山，成了人们研究火山的一个"活标本"，因为它靠近帕里库廷村，便被命名为"帕里库廷火山"，在今天的世界地图上都可以找到它。

　　直到现在，帕里库廷火山都一直处于沉寂状态，它究竟是死亡了？还是休眠了？没人能够说得清。但愿它永远地沉睡下去，再也不要醒来。否则，它不鸣则已，一鸣定要惊人。

▶知识窗 ....

　　帕里库廷火山是地球上最年轻的火山，再较早的是 183 年以前喷发的艾尔胡鲁罗火山，也在这一地区，在帕里库廷火山东南大约 75 千米处，这一地区大约有 1400 个火山口。

███ 拓展思考 ███

　　1. 最古老的火山是哪一座，在哪一个国家？
　　2. 世界七大自然奇观指的是哪些？

地球上的火山峡谷

世

SHIJIEGEDIDEXIAGUDAGUAN

界各地的峡谷大观

第三章

地球上的火山峡谷

雅鲁藏布大峡谷——地球上最深的峡谷

Ya Lu Zang Bu Da Xia Gu——Di Qiu Shang Zui Shen De Xia Gu

雅鲁藏布大峡谷是世界第一大峡谷，无论是在深度还是在长度上，都是世界之最。雅鲁藏布大峡谷位于雅鲁藏布江中下游林芝地区，是西藏自治区三大世界顶级旅游资源之一、世界徒步爱好者的天堂。整个峡谷全长 504.6 千米，平均深度 5000 米，极值深度 6009 米，是当之无愧的世界上最大的峡谷。整个峡谷地区的冰川、绝壁、陡坡、泥石流和巨浪滔天的大河交错在一起，十分壮观。大峡谷核心无人区河段的峡谷河床上有罕见的四处大瀑布群，其中一些主体瀑布落差都在 30～50 米。峡谷具有从高山冰雪带到低河谷热带季雨林等 9 个垂直自然带，汇集了多种生物资源。雅鲁藏布大峡谷的神奇壮丽，是任何一个峡谷都不可与之媲美的。

◎峡谷的发现及命名

在 1994 年以前，深达 2133 米的美国科罗拉多大峡谷，一直被称为世界上第一大峡谷。1991～1994 年期间，中国科学探险协会先后多次对雅鲁藏布大峡谷进行探险考察。在多次实地考察的基础上，经过包括测量成果在内的综合规模性的论证

※ 雅鲁藏布大峡谷

和对比，发现雅鲁藏布大峡谷才是真正的世界河流第一大峡谷。据国家测绘局公布的数据：这个大峡谷北起米林县的大渡卡村（海拔 2880 米），南到墨脱县巴昔卡村（海拔 115 米），全长 504.6 千米，最深处 6009 米，是不容置疑的世界第一大峡谷。曾被列为世界之最的美国科罗拉多大峡谷（深 2133 米，长 370 千米）和秘鲁的科尔卡大峡谷（深 3203 米，长 90 千米），都不能与雅鲁藏布大峡谷等量齐观。当时（1994 年 4 月 17 日）新华社向全世界的报导是这样写的：我国科学家首次确认：雅鲁藏布江大峡谷为世界第一大峡谷。新华通讯社向全世界报道了这一消息之后，全球为

之轰动。1998 年 9 月，中华人民共和国国务院正式批准：大峡谷的科学正名为"雅鲁藏布大峡谷"，英文字母拼为 YarlungZangboDaxiagu。2000年 4 月，《雅鲁藏布大峡谷国家级自然保护区总体规划》通过专家评审，这标志着雅鲁藏布大峡谷已经属于国家级的自然保护区。

※ 大峡谷美景

◎雅鲁藏布大峡谷——自然资源的大宝库

雅鲁藏布大峡谷不仅以其深度、宽度名列世界峡谷之首，更以其宝贵的生物资源和极高的科学研究价值引起世界科学家的瞩目。大峡谷地区植物群落多样，植被结构复杂，垂直带壮分布明显，从热带植物到寒温带植物应有尽有，是目前世界上罕见我国少有的特殊林区，这主要是因为雅鲁藏布大峡谷独特的构造所造成的。大峡谷是两种不同类型的植物或者是动物的混合体。以喜马拉雅山为界，从动物方面来讲，其北都是南北界的，南部则是东洋界；植物也是这样，北部叫泛北植物区，南部为印度马来或喜马拉雅植物区，南北的动物和植物都具有自己的特点和性质。主要的区分是它们所在地区的湿度不一样，一个是潮湿的森林环境，一个是比较干旱和半干旱的草原或荒漠环境。特别是大峡谷奇特的马蹄型拐弯，环绕着喜马拉雅山并切开喜马拉雅山，一是成为来自印度洋的暖湿气流进入高原的最大水流通道，二是强烈切割形成世界最大的高山峡谷，具备世界最完整齐全的垂直自然带，这样构成具备了复杂多样的生态环境，于是不同的生物地理区在这里形成一种交汇的环境，必然造成两种生物的区系在垂直或水平空间的交错，混杂，种群多样，非常丰富。现已发现这里有 3600 多种青藏高原上极为罕见的高等植物，地球上每百种植物中便有 2～3 种分布在这里。我国少有的楠木、樟木、乌木、铁树、猴欢树、麻楝等树种在这里随处可见。浩瀚的林海及高山灌丛草甸中，还栖息着上千种野生动物，其中哺乳动物 60 多种、约

※ 峡谷里的珍稀植物

占西藏总数的 50％。珍贵的皮毛动物有水獭、石貂、云豹、雪豹、青鼬、豹猫等都在此栖息。

总之，大峡谷地区有独特丰富的生物多样性，对整个人类的发展都非常有价值，是西藏一个非常重要的宝库，也是今后持续发展的非常重要的资源。

◎丰富的水资源

雅鲁藏布大峡谷不仅有着丰富多彩的生物资源，还有着极其丰富的水资源。雅鲁藏布江的水力资源非常丰富，在全国仅次于长江，而这水力资源中的三分之二又集中在大峡谷地段。雅鲁藏布江的年径流量是黄河的 2.5 倍，特别是下游段地处喜马拉雅山脉南北两翼，

※ 峡谷丰富的水资源

地势由青藏高原急剧向山地过渡，在 496.3 千米的下游河段，水面高度由 2910 米下降到 155 米，天然落差为 2755 米，水能资源极其丰富。位于大峡谷下游河段长度虽然仅占河流的 24％，但是干流水能蕴藏量达 6881 万

※ 马蹄状的大拐弯

千瓦，占雅鲁藏布江干流水能蕴藏量的 87％，干流下游单位河流长度平均水能蕴藏量为每千米 13.9 万千瓦，分别是上游和中游的 346.5 倍和 17.5 倍，居全国河流首位。由此可见，雅鲁藏布大峡谷是水资源最为富集、最为丰沛的地区。进入二十一世纪，我国已经把水力开发投资的目光转向大峡谷，以利用大峡谷充足的水利资源，最终实现南水北调。

▶ 知识窗

　　大峡谷有两个基本特点：一是奇特的马蹄状的大拐弯；二是青藏高原最大的水汽通道。这两大特点构成了大峡谷最壮观的自然现象，构成了大峡谷最具特点的生态旅游资源。壮观、奇特、雄伟、秀美、原始、自然、洁净、环境独特、资源丰富，构成了大峡谷无与伦比的奇观。马蹄状大拐弯只能在空中才能一睹全景，感受它的壮观与秀丽；后者的水汽和热量则为大峡谷地区生态旅游带来山地齐全的垂直自然带，生物的多样性和季风型海洋性温性冰川、变化无穷、独特壮丽的万千气象。整个大峡谷的基本特点可以用十个字来概括：高、壮、深、润、幽、长、险、低、奇、秀。

　　拓展思考

　　1. 怎样合理地利用雅鲁藏布大峡谷的水资源？
　　2. 雅鲁藏布大峡谷的形成原因是什么？
　　3. 雅鲁藏布大峡谷的"十字特点"分别表现在什么地方？

地球上的火山峡谷

科罗拉多大峡谷—— 令人震撼的奇迹

Ke Luo La Duo Da Xia Gu——Ling Ren Zhen Han De Qi Ji

科罗拉多大峡谷位于美国亚利桑那州西北部科罗拉多河中游、科罗拉多高原的西南部，是科罗多河经过数百万年以上的冲蚀而形成的，以色彩斑斓、峭壁险峻而闻名。大峡谷全长 446 千米，平均宽度 16 千米，最大深度 1740 米，平均谷深 1600 米，总面积 2724 平方千米。由于科罗拉多河穿流其中，所以被称为科罗拉多大峡谷，它是联合国教科文组织选为受保护的天然遗产之一，目前由美国大峡谷国家公园管理。

◎大峡谷概况

大约在 6 亿年前，科罗拉多大峡谷现在所处的地方还是一片平原，并且在相当长一段时间内被海水浸没，成为海洋。时间的车轮到距今 2.3 亿年以后，由于地下板块活动引起的造山运动以及强烈的地壳运动，使那里的地壳缓慢地、几乎保持水平状态地上升，上升的速度使北岸高于南岸。经过几万

※ 俯瞰科罗拉多大峡谷

年的上升，这里的地壳被抬高了上千英尺，从而形成了科罗拉多高原。这一抬高使科罗拉多河及其支流的倾斜度和降雨量大大增加，从而加快了其流速、增强了其下切岩石的能力。大约从 1000 万年前开始，科罗拉多河强烈的向下切割。加上山崩、洪水、冰雪的共同作用，把峡谷侵蚀切割到今天的深度。大峡谷时至今日仍然没有定型，大约每 70 年就要加深 1 厘米。这个速度在以万年为单位的地质演变过程中，是非常惊人的。

由于地壳上升的过程并不均匀，这就导致大峡谷的北岸比南岸高出三百多米，使峡谷南北两岸的差异非常的明显。北岸年降水量有 700 毫米，树木苍翠。南岸年降水量只有北岸的一半，呈现出一片荒漠景观。冬季来

临时，北岸大雪纷飞，南岸却温暖如春。从北岸观望，峡谷的扩张较为明显。大峡谷的边缘是一片森林，越往峡谷中走温度就越高，到峡谷底端则近似荒漠地带，因此大峡谷中包含了从森林到荒漠的一系列生态环境。

※ 置身于科罗拉多大峡谷之中

国家公园内的植物多达1500 种以上，并有 355 种雀鸟，89 种哺乳类动物，47 种爬虫动物，9 种两栖类动物，17 种鱼类生活其中。

大峡谷山石多为红色，从大峡谷谷底向上攀登，从老到新，各个地质时代的岩层整齐有序地排列着。不同的地层里，还能找到生物化石，从单细胞植物到石化了的木头，从鱼类到爬行类动物。这种情况在世界上是罕见的，使大峡谷成为一本活的地质教科书。19 世纪70 年

※ 排列整齐有序的岩层

代，美国陆军少校约翰·韦斯莱鲍威尔率领第一支科学考察队前往大峡谷，并将谷中的沉积岩层形容为"一本巨型小说中的书页"。

◎大自然的奇迹

科罗拉多大峡谷简直就是大自然的奇迹，到了这里你才会意识到自己的渺小，抑或是人类在大自然造物主面前的渺小。1903 年，美国总统西奥多·罗斯福曾到科罗拉多大峡谷游览，他置身于峡谷之中，感叹地说："大峡谷使我充满了敬畏，它无可比拟，无法形容，在这辽阔的世界上，绝无仅有。"

地壳不规则的运动使科罗拉多大峡谷的形状也极不规则，大致呈东西走向，蜿蜒曲折，像一条桀骜不驯的巨蟒，匍匐于凯巴布高原之上。科罗

拉多河在谷底汹涌向前，形成两山壁立、一水中流的壮观，卓显出了峡谷无比的苍劲壮丽。更为奇特的是峡谷多变的颜色，峡谷的颜色因两壁岩石的种类、风化的程度、时间的演变，以及所含矿物质的差异，而各有不同，铁矿石在阳光照射下，呈现五彩，其他氧化物则产生各

※ 大峡谷底的科罗拉多河

种暗淡的色调，石英岩又会显出白色，因之形成一块块鲜红，一方方深赭，一团团黝黑，一片片铁灰，大地像一块巨大的五色斑斓的调色板，美不胜收。而有的因为夹有泥土长出了草木而带一些诗意，有的又因谷底弥漫着水雾，而微显淡紫；再加上天气变化，或骄阳直射，或风雨晦暝，或晨曦初上，或夕阳满山，使峡谷的风光总是扑朔迷离而变幻无穷，彰显出大自然的斑斓多姿。峡谷奇特的结构和不断变化的色彩，特别是那浩瀚的气魄，慑人的神态，即使是世界顶级的画家和雕塑家，都无法模拟。

由于地层结构、形成年代不同，峡谷岩石的密度也松密不一，因此被风雨侵蚀的程度也不一样。河水在峡谷中横冲直撞，有时造成大片坍陷，有时却只遗下一道缝隙；有时如怒涛般的激荡，有时又如锯齿般的侵蚀；如平流迂缓，则留下平缓的痕迹，如激流翻卷，则产生突兀的纹饰。于是，这条历尽沧桑的峡谷，在亿万年的演

※ 科罗拉多大峡谷的红色岩石

变过程中，就变得百态杂陈，有的宽阔，有的狭隘；有的尖耸如宝塔，有的平整堆积如砖石；有的如蜂窝，有的如蚁穴；有的如孤峰孑立，有的如洞穴天成。对于这些大自然的杰作，人们也为之震撼，便对这些岩石冠以一些含有神话故事的名称，如阿波罗神殿、狄安娜神庙、婆罗门寺宇等，并赋予其美好的意义和象征。如北缘的一面山嶂上出现的一个通天空洞，人们便把它命名为"天使窗"；其南缘的一块岩石像古代将军挂印拜帅的

将台，人们便将其称为"美德岬"。尤其是谷壁地层断面，纹理清晰，层层叠叠，就像万卷诗书构成的曲线图案，缘山起落，循谷延伸，又如一幅万里绸带，在大地上宛转飘舞。游人至此，无不赞叹大自然的鬼斧神工。有位美国作家说："我来这里时还是无神论者，离开时却变成虔诚的信徒了。"确实，这样雄伟险峻的大峡谷突兀地横亘在人面前，实在很难让人用常规的理由解释它的存在。

▶知识窗

在科罗拉多大峡谷内，有一座泥墙小屋的废墟，表明在 13 世纪时印第安人曾在此居住过，他们是开发这里的最早主人。但大峡谷的天然奇景会为人所知，应归功于美国独臂炮兵少校鲍威尔的宣传。1869 年，鲍威尔率领一支远征队，乘小船从未经勘探的科罗拉多河上游一直航行到大峡谷谷底，他将一路上所遇到的惊险经历以及所看到的奇观，写成游记，广为流传，从而引起美国政府的注意，并于 1919 年建立了大峡谷国家公园。由于大峡谷既是最刺激最有挑战性的探险活动，又是美轮美奂的旅游享受，因此，科罗拉多大峡谷成了世界各地无数人梦寐以求的向往之地，现每年接待 300 多万游客。

| 拓展思考 |

1. 科罗拉多大峡谷的岩石为什么是红色的？
2. 科罗拉多大峡谷有哪些著名的旅游景点？
3. 怎样合理地开发利用科罗拉多大峡谷？

第三章 世界各地的峡谷大观
SHIJIEGEDIDEXIAGUDAGUAN

地球上的火山峡谷

东非大裂谷—— 地球最大的伤疤

Dong Fei Da Lie Gu——Di Qiu Zui Da De Shang Ba

如果你行走在东非大裂谷之中，你根本感受不到自己是在一条悬崖峭壁的裂缝中行走，而且你也丝毫不会觉得害怕。因为放眼望去，你看到的是一望无际的平原和山丘。只有当你在飞机或卫星上看时，才能看出它是一条裂谷，这条长度相当于地球周长 1/6 的大裂谷，气势宏伟，景色壮观，是世界上最大的裂谷带，有人形象的将其称为"地球表皮上的一条大伤痕"。古往今来，神秘的东非大裂谷，不知吸引了多少人前去参观。

※ 东非大裂谷卫星图

◎裂谷的形成

　　东非大裂谷是世界陆地上最长的裂谷带，这条裂谷带延绵在东非草原北侧，南起赞比西河河口，向北经希雷河谷至马拉维湖（尼亚萨湖）北部后分为东西两支：东支沿维多利亚湖东侧，向北进入红海，再由红海向西北方向延伸抵约旦谷地，全长近 6000 千米。这里的裂谷带宽度较大，谷底也比较平坦。裂谷两侧是陡峭的断崖，谷底与断崖顶部的高差从几百米到 2000 米不等。西支沿坦噶尼喀湖、基伍湖、爱德华湖、蒙博托湖等狭

102

长的湖泊，延续成带，并逐渐消失。东非大裂谷宽约几十至 200 千米，深达 1000 至 2000 米，裂谷两侧的高原上分布有众多的火山，如乞力马扎罗山、肯尼亚山、尼拉贡戈火山等，裂谷底部是一片开阔的原野，20 多个狭长的湖泊，有如一串串晶莹的蓝宝石，散落在谷地。

※ 东非大裂谷剖面图

这条"地球脸上的伤疤"是如何形成的呢？据地质学家们考察研究认为，大约 3000 万年以前，由于强烈的地壳断裂运动，便形成了这一巨大的陷落带。那时候，这一地区的地壳处在大运动时期，使整个区域出现上升现象，地壳下面的地幔物质上升分流，产生巨大的张力，正是在这种张力的作用之下，地壳发生大断裂，从而形成裂谷。由于抬升运动不断地进行，地壳的新裂也就不断产生，地下熔岩也就不断地涌出，渐渐形成了高大的熔岩高原。高原上的火山则变成众多的山峰，而断裂的下陷地带则成为大裂谷的谷底。但是，板块构造学说却不同意这样的说法，他们认为：这里是陆块分离的地方，即非洲东部正好处于地幔物质上升流动强烈的地带。在上升流的作用下，东非地壳抬升形成裂谷两侧的高原，上升流向两侧会使相反方向的分散作用导致地壳脆弱部分张裂、断陷而成为裂谷带。张裂的平均速度为每年 2～4 厘米，并且这一作用至今一直持续不断地进行着，裂谷带仍在不断地向两侧扩展着。由于这里是地壳运动活跃的地带，因而多火山多地震。近年来的地壳运动和火山活动资料显示，裂谷正在加快向东西两侧开裂的速度。甚至有科学家预言：未来非洲大陆将沿裂谷断裂成两个大陆板块。

◎ "伤疤"也美丽

东非大裂谷——几乎所有的人在听到这个名字，却没有见到它之前，都会认为大裂谷一定是一条狭长的、阴森恐怖的断涧，荒草漫漫，怪石嶙峋，渺无人烟。其实，当你来到裂谷之后，展现在眼前的完全是另外一番景象：远处，茂密的原始森林覆盖着连绵的群峰，山坡上长满仙人球；近处，草原广袤，翠绿的灌木丛散落其间，野草青青，花香阵阵，草原深处的几处湖水波光粼粼，山水之间，白云飘荡；裂谷底部，集中了非洲大部分的湖泊，沿大裂谷一字排开。成群的非洲秃鹳、鹈鹕、河马等则聚居在湖区生活。自然恬静的查莫湖是大裂谷南部著名的鳄鱼湖，这里生活着上千条野生鳄鱼。在大裂谷两边的山地野生动物保护区内，有大量的非洲斑马。附近山地、草原上则生活着很多狮

※ 东非大裂谷谷底的生物群

※ 东非大裂谷谷底的湖泊

狮、羚羊、斑马等野生动物。站在大裂谷一侧的山头上往下看，四周的青山起伏绵延，覆盖着茂密的树林，根本就看不到嶙峋的裸岩。山下牛羊成群，悠闲地徘徊在乡间土路上；鸡犬相闻，只有偶尔经过的卡车隆隆声会把它们惊扰得四处乱跑。庄园村庄，星罗密布，点缀在万顷绿野之间；良田沃野，绵延百里，一直延伸到天边的山冈。这是一派生机，一派宁静的田园生活，它们掩隐在青天白云之下，云雾缭绕之中，亦真亦幻。此时此

刻，你就会真正感到，只有亲临裂谷，才能切身体验到自然界这种举世无双的奇秀景色，感受天地之广阔，气象之万千。

东非大裂谷的众多自然奇观和独特地质环境、丰富的动植物资源，对世界各国的科学家来讲，都是一个进行多学科比较研究的生态天堂。

▶知识窗

据考古学家推测，东非大裂谷是人类起源的地方，人类就是沿着这些河流，走出大峡谷，最终走向世界的。20 世纪 50 年代末期，考古学家在东非大裂谷东支的西侧的奥杜韦谷地，发现了一具史前人的头骨化石。经过精密的测定，这个头骨化石的生存年代距今足有 200 万年，这具头骨化石被命名为"东非勇士"。1972 年，在裂谷北段的图尔卡纳湖畔，又发掘出了一具生存年代已经有 290 万年的头骨，从其头部构造来看，与现代人十分近似，考古学家认为在这一时期，人类已经完成了从猿到人过渡的典型阶段——"能人"。1975 年，在坦桑尼亚与肯尼亚交界处的裂谷地带，发现了距今已经有 350 万年的"能人"遗骨，并在硬化的火山灰烬层中发现了一段延续 22 米的"能人"足印。这说明，早在 350 万年以前，大裂谷地区就已经出现了能够直立行走的人，他们才是人类最早的成员。

|拓展思考|

1. 东非大裂谷未来的命运会如何？
2. 东非大裂谷贯穿了哪些国家？
3. 东非大裂谷谷底有哪些比较著名的湖泊？

科尔卡大峡谷—— 旅游圣地

Ke Er Ka Da Xia Gu—— Lv You Sheng Di

科尔卡大峡谷位于秘鲁境内的安第斯山脉中，在阿雷基帕城市的正北方。它是世界上最深的峡谷，最深之处达到 4160 米，是美国大峡谷的 2 倍深。整个峡谷看起来像是被一把大刀斩断了的裂缝，科尔卡河悠缓地流淌于其间。每当雨季到来时，浑浊的水流便汹涌地流向科尔卡河，蜿蜒于沿谷底散布的死火山之间。科尔峡谷除了有漂亮的风景外，另一个吸引着游人的是生活在科尔卡峡谷的安第斯神鹰。因为有了大峡谷的迷人风姿，使它成为了秘鲁最主要的旅游地之一。

◎科尔卡峡谷里的疑问

在科尔卡峡谷上的山脉之间，有一条长达 64 千米的山谷，山谷里耸立着 86 座锥形火山。其中有些约有 300 米高。它们有的从原野上隆起，有的位于山麓周围，有的四周堆满凝固的黑色熔岩，景象十分的荒芜、诡异，令人想起荒凉的月球表面。在火山谷与太平洋之间，有一条布满沙石的酷热沟谷，名为托罗穆埃尔托沟谷，沟谷

※ 科尔卡峡谷

内四处分散着白色的巨砾。大多数的石砾上还刻有几何图形、太阳、蛇、驼羊以及头戴钢盔的人。这些巨砾和巨砾上的图案是谁的杰作呢？有人猜测巨砾可能是火山隆起留下的，可是，巨砾上的图案又是谁刻上去的呢？有人认为 1000 多年前，某些游牧部族从山区往海岸迁移，在这里居住，留下了石刻图画。有人推测验，头戴怪盔的人可能是外星人。难道在 1000 多年前，就曾有人目击过外星人？这连串的疑问人们不得而知，就连科学家也没有作出正确的推断。

◎深谷中的美丽

科尔卡河流淌在科尔卡峡谷之中，孕育着峡谷的一切生物。在科尔卡河两岸，分散着一些村庄，当地印第安人就凭借这股水源生存着。依着山势，印加和前印加的梯田层层叠叠向上延伸，种植着适合峡谷生长的各种农作物。峡谷四周还有一些火山温泉和一群群漫步在山谷、河流、沼泽间的鹿驼、美洲驼和羊驼。奇瓦伊是这个峡谷中的主要乡镇。所有前来旅游的游客，都会选择到这个乡镇休息，享受 CALERA 温泉和尝试这里的 TRUCHA。科尔卡峡谷成为了秘鲁的主要旅游地之一。在峡谷里，气候变化很大，可以从最冷到底部的半热带气候，从早晚的 1～2 摄氏度到中午的 25 摄氏度，每天的气温变化很大。这里生长着 20 多种仙人掌和 170 种飞禽，其中最大的飞禽是山鹰（即秃鹰）。科尔卡峡谷是安第斯秃鹰的家。这里有世界上最大的安第斯秃鹰，每只秃鹰的翅膀长度都在 1.20 米左右，它们看上去可以无距

※ 科尔卡河

※ 秃鹰

离地飞越峡谷的峭壁。从奇瓦伊出发，大约 30 分钟左右即可到达神鹰十字架，这是观看秃鹰飞翔最好的地方，你可以欣赏到秃鹰优美地翱翔在峡

谷中的英姿。清晨和傍晚是秃鹰外出活动最频繁的时间，这时候是欣赏秃鹰的绝好时间。现在，这种秃鹰几乎绝种，只有在这个峡谷里还剩下几只。

▶ 知 识 窗 ◀

　　科尔卡峡谷里的土地非常的瘠薄，山坡上只有一些长刺的蒲雅属植物，这种植物主干很粗，高约 1.2 米，叶子像利刃一般向四面八方伸出，边缘还有弯钩，以免动物吞吃。由于峡谷内树木太少，小鸟只能冒着被弯钩刺伤之险，在蒲雅叶间筑巢。在这种植物树枝之间，有很多小鸟的尸骸，这说明有许多鸟巢曾经在此变为死亡的陷阱。

| 拓展思考 |

1. 科尔卡峡谷是如何形成的？
2. 如何保护峡谷内濒临灭绝的秃鹰？
3. 科尔卡峡谷还有哪些旅游资源？

怒江大峡谷—— 最美丽的世外桃源

Nu Jiang Da Xia Gu——Zui Mei Li De Shi Wai Tao Yuan

怒 江大峡谷是世界上最长、最神秘、最原始古朴的东方大峡谷，中国西部最秀丽的景观。大峡谷位于云南西北部怒江州境内，雅鲁藏布大峡谷的东南方向，在云南境内又是一处地理奇观之所在。怒江大峡谷在云南段长达 600 多千米，平均深度为 2000 米，最深处在贡山丙中洛一带，达 3500 米，被称为"东方大峡谷"。峡谷的两面是海拔四五千米陡峭和翠绿的高山，中间一条大江滚滚南流，山高、谷深、水急，可谓是鬼斧神工。长达 1000 多千米的怒江大峡谷，以大自然赐予它的奇特美景和壮丽风光，令人惊叹。

※ 怒江大峡谷

◎怒江大峡谷概况

怒江、澜沧江、独龙江三大峡谷是怒江傈僳族自治州最著名的峡谷，其中以怒江大峡谷最为壮观。怒江发源于青藏高原的唐古拉山南麓。它深入青藏高原内部，由怒江第一湾西北向东南斜贯西藏东部的平浅谷地，入云南省折向南流，经怒江傈僳族自治州、保山市和德宏傣族景颇族自治州，流入缅甸后改称萨尔温江，最后注入印度洋的安达曼海，全长1540多千米。怒江在怒江州境内全长310多千米，由于江东有碧罗雪山山脉（4000米以上高峰有20余座），江西有高黎贡山山脉（也有4000米以上高峰20余座），怒江奔腾于这两山之间，两岸山势雄伟，海拔均在3000米以上，山谷幽深，河流落差大，水急滩高，形成长310千米、深2000~3000米的大峡谷地段。怒江就是这样昼夜不停地撞击出一条山高、谷深、奇峰秀岭的巨大峡谷。

◎中国最美的峡谷之一

"人间四月芳菲尽，山寺桃花始盛开"。怒江大峡谷中典型的立体气候，让这样的诗句成为具体的影像。怒江大峡谷由于受到印度洋西南季风气候的影响，形成了"万物在一山，十里不同天"的立体垂直气候，经常是河谷茂林葱绿，炎热似夏，山坡花俏草黄，如春如秋，峰

顶冰雪世界，一派寒冬来临的景象。怒江州的高山峡谷和温暖潮湿的亚热带山地气候，极利于动植物的生存繁衍。立体气候产生的主体植被、珍稀动植物、名花异卉、稀世药材、树蕨、秃杉、落叶松、各种杜鹃、各种兰花、珙桐（鸽子花）成片成林的点缀着峡谷胜景的自然美。这些珍稀的植物，被列为国家一级保护的有树蕨、秃杉、珙桐；二级保护的有三尖杉、清水树等；三级保护的有天麻、雪山一枝蒿等20多种。生活在峡谷中的野生动物474种，如齿蟾、戴帽叶猴、灰腹角雉，只产于怒江州内，此外，还有热羚、红岩羊、金丝猴、叶猴、小熊猫（金狗）、齿蟾等，都是国家的保护动物。

※ 怒江大峡谷美景

　　怒江大峡谷最美丽的季节是在每年的三、四月份，进入这个季节后，由于天气逐渐的变暖，云雾在高黎贡山和碧罗雪山的山顶也渐渐散开，终年积雪的顶峰显露出威严而圣洁的白色。河谷中的坝子都是傈僳族、怒族、独龙族等少数民族世代居住的家园，春天的馥郁让峡谷充满了生机，油菜花总是摄影师镜头里的常客，这种朴素的花朵在大峡谷独特的地貌环境中轻松化解了山的险峻、水的湍急，给人江南般的油润和清丽。硕大的桃树开满了花朵，不依不饶地占据了视线。大峡谷的山巅处有众多高山冰碛湖，著名的有"听命湖""七仙女湖"等，湖水清澈，水质甘甜，周围有雪山、森林、草甸花海，野生动物常出没其间。在蓝天白云之下，形成了一种人间仙境。此外，生活在大峡谷中少数民族的婚姻习俗、衣食住行、丧葬礼仪、祭祀活动、图腾崇拜等等丰富多彩的民族风情，更是给怒江大峡谷增添了不少情趣。2005 年 10 月 23 日，怒江大峡谷被评为中国最美十大峡谷之一。

◎怒江第一湾

　　自青藏高原穿山越谷而来的怒江，从滇藏边界的万山丛中奔流而下，翻腾于高黎贡山和碧罗雪山之间的怒江大峡谷。流经贡山独龙族怒族自治县丙中洛乡的日丹寨子附近时，本是由北向南奔流，但因被王箐千丈悬岩绝壁的阻隔，便改变流向由东向西急转而去。流出 300 余米后，又被丹拉大山挡住去路，只好再次调头由西向东急转，在这里形成了一个半圆形的大湾，当地傈僳族叫它"火夹"，后来被统称为怒江第一湾。这里江面海拔 1710 米，

※ 怒江第一湾

气势磅礴，风光旖旎，水势缓慢，两岸风景独好。东西往来的人常在此泛舟或坐溜索过江。第一湾的中心地势平坦、三面环水，土地肥沃，沿江绿树成荫，坐落在三面环水之中的坎桶村，高出怒江 50 多米，坎桶村的居民在这里辛勤耕耘、繁衍生存。在这片秀美土地上，人们过着世外桃源般古朴而和谐的生活。如果从山顶俯瞰怒江第一湾全景，你不禁惊叹大自然造化的神奇。

▶知 识 窗

　　溜索是大峡谷中最有人文特色的景观。怒江大峡谷谷深壁长，岩壁陡峭，水流湍急，难以行舟摆渡。在人类还无法逾越怒江天堑时，溜索无疑是两岸之间最简单、最有效的交通工具。早期的溜索由竹篾制成，主要固定在两岸大树或岩石上，过溜时，麻绳绕臀部悬挂缆索，垫上竹片，增加通过性。竹篾溜索吸水性强，日晒雨淋，容易发脆断裂，需经常更换，既麻烦又不安全。中华人民共和国成立后，人民政府把竹、藤溜索换成了钢丝溜索，结实又安全，溜速快到每小时七八十千米，堪称"空中新干线"。这种蜘蛛侠般的飞渡方式，具有超凡的想象力，同时彰显出怒族、傈僳族人民的胆识与过人的智慧，也赋予了怒江儿女鹊桥相会的浪漫。

拓展思考

1. 生活在怒江大峡谷中的少数民族有什么民族风情？
2. 怒江大峡谷与美国的科罗拉多大峡谷区别在哪里？
3. 中国最美的十大峡谷分别是哪些？

地球上的火山峡谷

金沙江虎跳峡—— 中国最深的峡谷

Jin Sha Jiang Hu Tiao Xia —— Zhong Guo Zui Shen De Xia Gu

位于云南丽江玉龙雪山和迪庆哈巴雪山之间的金沙江虎跳峡，是中国最深的峡谷之一。峡谷全长 15 千米，南岸玉龙雪山主峰海拔 5,596米，北岸中甸雪山海拔 5,396米，江面最窄处仅 30 余米。峡口海拔 1800 米，海拔高差 3900 多米，谷坡陡峭，蔚为壮观。江流在峡内连续下跌 7 个陡坎，落差 170 米，水势汹涌，声闻数里，是世界上最深的大峡谷之一。

◎虎跳峡成因及形成时代探讨

科学家对虎跳峡的成因进行了进一步的研究，认为虎跳峡的成因和形成对时代研究具有重要的科学价值，它的成因也涉及到金沙江——长江水系发育及其环境效应问题，科学家分析研究了虎跳峡附近发育的夷平面、剥蚀面、阶地等区域性的层状地貌，并认为虎跳峡上下游河谷发育历史具有一致性。从地质构造上的分析表明来看，虎跳峡两侧的玉龙雪山、哈巴雪山为一对相对完整的地块，不存在虎跳峡大断裂情况，因而虎跳峡峡谷是在区域地壳抬升、先成河深切

作用下而形成的。根据相关盆地沉积物、玉龙雪山的冰川发育情况和前人在附近发现的哺乳动物化石等现象，初步认为虎跳峡峡谷形成于中更新世，这是现在惟一可以解释的一个层面。

※ 虎跳峡

◎虎跳峡概况

虎跳峡位于丽江县和中甸县交界处，距离丽江纳西族自治县县城仅60千米，这条峡谷在金沙江上游。湍急的金沙江流经石鼓镇长江第一湾之后，忽然掉头北上，从哈巴雪山和玉龙雪山之间的夹缝中硬挤了过去，形成了世界上最壮观的大峡谷，峡谷中最窄的地方就是著名的虎跳峡景观，相传老虎下

※ 虎跳石

山经过此处时，在江中的礁石上稍一蹬脚，便可腾空越过金沙江，故称虎跳峡。当年尧茂书的探险队就曾经在此漂流，虽英雄壮志未酬身先去，此地却因此而名声大振。

虎跳峡全峡分为三段：上虎跳、中虎跳、下虎跳，道路 25 千米。上虎跳是峡谷中最窄的一段，离公路边的虎跳峡镇 9 千米，其江心雄踞一块巨石，横卧中流，如一道跌瀑嵩坎陡立眼前，把激流一分为二，惊涛震天。传说曾有一猛虎就是借助这一块巨石，从玉龙雪山一侧，一跃而跳到哈巴雪山。上虎跳最重要的景观是"峡口"和"虎跳石"。中虎跳离上虎跳 5 千米，江面落差甚大，"满天星"礁石区是这里最险的地方。百米峡谷中，礁石林立，水流湍急，惊涛拍岸。从中虎跳过险境"滑石板"，即到下虎跳。下虎跳有纵深 1 千米的巨大深壑，这里接近虎跳峡的出口处，是欣赏虎跳峡最好的地方。

◎以"险"闻名的虎跳峡

　　以"险"而闻名天下的虎跳峡，首先是山险：峡谷两岸，高山耸峙。东有玉龙山，终年披云戴雪，银峰插天，雪山山腰云腾雾绕，远望像一条银白色的巨龙。主峰海拔高达 5596 米，山腰怪石嶙峋，古藤盘结，山脚壁立，直插江底，虎啸猿啼，狼豹出没；西有哈巴雪山，山顶终年冰封雪冻，挺拔孤傲，四座小峰环立周围，峥嵘突兀，山腰间有台地，山脚为陡峻悬崖。西岸山峰，高出江面 3000 米以上。我国的长江三峡，世称壮观，它的江面与峰顶高差仅 1500 米；美国的地狱峡谷世界著名，最大高差也仅 2400 米，

※ 山险

虎跳峡的深邃，可以想见！虎跳峡不仅深而且窄，许多地方双峰欲合，如门半开；置身谷中，只能是看天一条缝，看江一条龙；头顶绝壁，脚临激流，令人心惊胆战。其次是木险：由于山岩的断层塌陷，造成无数石梁跌坎，加之两岸山坡陡峻，岩石壁立，山石风化，巨石常崩塌谷底，形成

江中礁石林立，犬牙交错，险滩密布，飞瀑荟萃。从上虎跳峡至下峡口，落差达210米，平均每千米14米，江流湍急，不少段落，每秒达6～8米。因而江水态势，瞬息万变，或飞瀑轰鸣、漩涡漫卷、雾气空蒙；或狂驰怒吼、雪浪翻飞、水激石乱。山险、水险，构成虎跳峡罕见的山水奇观。

※ 湍急的水

　　虎跳峡谷天下险虽给人们的通行带来了不便，但这个"险"中却蕴藏着一种摄人心魄的壮美，正是这种险，吸引了国内外无数的游客到此寻幽探险。

◎历史传说

　　在丽江古城中有很多古老的传说，其中也包括哈巴雪山、玉龙雪山和虎跳石之间的故事。相传有个天神雇了一个神工在金沙江上游采金，几年过去，神工要求回家探望一下老母亲，天神不许，说："你采的金子还不够人间用的，采够了你才能回家"。神工一气之下，一面说着："让那些要

※ 哈巴雪山自然保护区

用金子的人到江里淘去吧"，一直就把所采的金子全部都撒进了江里，从此江里就有了金沙。还有另一个传说玉龙和哈巴是俩兄弟，他们靠在金沙江里淘金度日。不料后来来了一个恶魔，霸占了金沙江，不许人们去淘金，兄弟俩就与恶魔斗了起来。一不留神，弟弟哈巴的头被恶魔砍了下来。大哥玉龙悲愤交加，愈战愈勇，他拿出带来的十三把宝剑，终于把恶魔赶走了。后来他的十三把宝剑变成了玉龙十三峰，弟弟哈巴的头掉进了虎跳峡变成了虎跳石，哈巴雪山也因此变成了无头山，而且比玉龙山矮了一截，这也就形成了传说中的虎跳石和玉龙雪山。

> **▶知 识 窗**
>
> 　　哈巴雪山自然保护区总面积约 2.9 平方千米。整个保护区 4000 米以上是悬崖陡峭的雪峰，乱石嶙峋的流石滩和冰川。海拔 4000 米以下地势较缓。哈巴雪山因巨大的海拔高低差异，形成了明显的高山垂直性气候，依次分布着亚热带、温带、寒温带、寒带等气候带。山脚与山顶的气温差达 22.8℃，这种气候又孕育了垂直带状分布的生态系列。立体分布着高山寒冻植被带、高山草甸和高山灌木丛、冷杉、云杉、针杉、山地常绿阔叶林带、干热河谷灌草丛带等，植物种类繁多。在浓密的原始森林中，还栖息着许多珍贵动物，如滇金丝猴、野驴、猕猴、金钱豹、原麝等。

▌拓展思考▐

1. 虎跳峡有哪些美好的传说？
2. 虎跳峡周边还有哪些景点？
3. 虎跳峡最佳的旅游时间是什么时候？

约旦峡谷—— 基督教徒的圣地

Yue Dan Xia Gu——Ji Du Jiao Tu De Sheng Di

你是否知道世界大陆上最大的断裂带——东非大裂谷呢？那你是否又知道位于东非大裂谷北端的约旦峡谷呢？它有着中东最肥沃的土地，是一个狭长的大峡谷，也是著名的有不死之称的死海所在地。

◎地理位置

约旦峡谷是位于现代以色列、约旦和巴勒斯坦地区之间的一个狭长的大峡谷，这片区域包括了约旦河、约旦河谷、胡拉谷地、太巴列湖和地球上海拔最低的地方——死海。约旦峡谷一直延伸到红海，覆盖了阿拉巴和阿卡湾。它形成于数百万年以前，当时阿拉伯板块向北移动，然后向东远离非洲；一万年以后，地中海和约旦峡谷之间的陆地上升从而阻止了海水淹没该地区。

※ 约旦峡谷

◎丰富的资源

在极端干旱的阿拉伯沙漠之中，居然会有各种花卉和农作物如地毯般覆盖在大地上，这是由于峡谷中水资源丰富和土壤肥沃所形成的。但是在这块峡谷中还是有缺憾的，由于大峡谷中最深的地方就是死海，而死海中 30 % 是盐，是海洋中含盐量的九倍之多，以至于造成水中无任何鱼类

※ 约旦峡谷全貌

可以生长，沿岸也没有任何植物可以生存，这就足以说明死海不死，却也使周围的一切外物寸草不生。

◎峡谷中神圣的基督文化

相信很多基督教徒都会争相来拜访约旦峡谷，因为在这里有座建立于三世纪的带有白色镶嵌通道的建筑，而它被认为是最早期基督徒的"祷告庭"，如果这符合史实的话，那么它就是世界上最早的基督祷告场所了。据1996年的考古发现证实，这里就是《圣经》中提到的"约旦外的伯大尼"，也就是

※ 峡谷中的殿堂

说施洗者约翰为耶稣施洗的地方，根据朝圣者的记录，施洗者约翰曾在圣伊利亚的一个小山洞中居住并为人施洗，而施洗池中的泉水又被称为"施洗者约翰泉水"。现在这个山洞旁边依然可以看到拜占庭风格的教堂、修道院以及洗礼池的踪迹，依然保留着它原有的痕迹，供世人瞻仰。

◎不可不去的约旦峡谷

相信很多人都知道关于死海不死的说法，约旦死海是世界闻名的三大死海之一，这里含有的盐分要比一般海水高7倍，普通的生物是根本无法生长的。但这里却是游泳新手们最乐于去的地方，因为含有大量盐分的海水可以很容易的把他们浮起来。死海位于约旦、巴勒斯坦和以色列之间，是著名的内陆咸水湖泊，面积1050

※ 死海

平方千米，是世界上最低的水域，有"地球肚脐"之称。根据1995年的测量，死海水面低于地中海海面408米。由于死海水中的含盐量高达

26％，水的浮力大，人们随意躺在水面上也不会下沉，因而这是一个奇特的旅游胜地，吸引了不少的游客。

※ 佩特拉古城

有着"梦幻王国"之称的佩特拉古城，处在充满阿拉伯神秘色彩的国家——约旦，在它的南部荒凉广漠的大地一角上，有一处谜团萦绕的古代遗址，这处遗址的名字就是佩特拉。在希腊语中，佩特拉是岩石的意思，正如它的名字一样，佩特拉城就像是一个巨大的巢穴开凿在灼热的岩壁上，依山崖而建的佩特拉古城，是建筑史上的一个奇迹。

▶ 知 识 窗

　　约旦是约旦哈西姆王国的简称，是一个历史悠久的文明古国，从远古以来就蒙上了一层神秘的面纱，虽然地处风暴的中心地带，但是约旦却以它灵活的外交政策成为一块和平的乐土。在这个深藏沙漠中的国度，古罗马帝国、阿拉伯帝国、十字军东征、土耳其帝国等等都留下了足迹，首都安曼旖旎的山城风光，佩特拉神秘的"藏宝洞"，杰拉什宏伟的古罗马剧场，阿杰朗戒备森严的古堡，都有其各自的古风古韵。

拓展思考

1. 约旦峡谷附近的旅游景点还有哪些？
2. 亚洲有哪些著名峡谷？

韦尔东峡谷—— 欧洲第一大峡谷

Wei Er Dong Xia Gu——Ou Zhou Di Yi Da Xia Gu

提 到法国的普罗旺斯，可能对于现今时尚浪漫的年轻人来说，脑海里第一个出现的应该是代表甜蜜爱情的薰衣草。而有欧洲大峡谷之称的韦尔东峡谷，就是处在这样一个令无数人遐思向往的地区，这也是它成为无数游客关注的原因之一。

◎韦尔东峡谷的基本信息

　　有欧洲大峡谷之称的韦尔东大峡谷是欧洲许多大学生争相前往的实习基地，它位于法国南部的普罗旺斯地区，介于阿尔卑斯南部地区与普罗旺斯内陆地区之间。它把阿尔卑斯山拦腰斩断，形成欧洲最美的自然景观之一。

　　韦尔东大峡谷有长 25 千米，深 700 米，最大的特点是谷底的河流像蔚蓝海岸的海水那样碧蓝清澈。这条峡谷夹在卡斯蒂庸湖和圣十字胡之间，整个峡谷如一条弯弯曲曲的翡翠玉带，飘飘扬扬。

※ 韦尔东大峡谷

◎地质构造

韦尔东峡谷周围的石岩地区有很多溶洞,是世界最深峡谷之一。它的峡谷被切割成一系列厚厚的石灰岩地层,有时很难分辨出石灰岩是否曾在海底沉积过,并且有很多不计其数的无脊椎动物的残骸,这些无脊椎动物的钙质躯壳形成了大块的岩石,这是峡谷来龙去脉的全部内容。但是,由于石灰岩逐渐抬升(与阿尔卑斯山处于同一地质隆起期),河流得以不断侵蚀河床形成峡谷。该区的许多溶洞形成过程也得助于石灰岩的化学侵蚀作用,到目前为止,没有证据表明峡谷是由地下溶洞系统的顶部崩塌而形成的这一说法。

◎峡谷的形成

河流峡谷的形成方式有很多种,但峡谷的形成与通常的河谷的形成有一些差异。首要是河流必须不断地刷深河道,其速度大于河流的侵蚀,它还必须有足够的能量去侵蚀河床,使携带的沉积物不至于沉积下来。因此,河床的比降和水流的比降相对比,显得更陡。如果有支流的话,河谷两岸也会被侵蚀,形成常规的河谷。在沙漠地区,河水补给多依赖于偶然发生的暴雨,暴雨能在短时间内产生大量的水,这也是河流切割峡谷的理想条件。

※ 峡谷

◎峡谷景色介绍

韦尔东最为惊险的是峡谷南部壮丽的峭壁道路，沿着这条迂回曲折的道路前行，不但能欣赏到峡谷那种深邃与窄逼最美丽的景色，还能体会到那种山岩与河水对抗所产生的力度。放眼远望，岩壁上长满了绿树，似乎掩藏了峡谷崖壁的山凌锐利，呈现出几分柔媚之情，这也难怪很多大学生都想瞻览它的容颜。

峡谷尽头的圣十字湖，同样是一片翡翠绿，那白沙、阳光，平静而像翡翠一样绿的湖水，一幅美不胜收的景色，使人流连忘返。

此处的圣母教堂，更是很神圣的地方，这座处在高高山崖间的圣母教堂，更是有一种让你无法回避其至尊地位的感觉。

※ 韦尔东峡谷南部

※ 圣十字湖

※ 圣母教堂

· 关于普罗旺斯 ·

  普罗旺斯位于法国南部，最初的普罗旺斯北起阿尔卑斯山，南到比利牛斯山脉，包括法国的整个南部区域。罗马帝国时期，普罗旺斯就被列为其所属的省份。18世纪末大革命时期，法国被分为5个行政省份，普罗旺斯是其中之一。到了20世纪60年代，行政省份又被重新组合划分为22个大区，于是有了现在的普罗旺斯——阿尔卑斯大区。在温文尔雅的大学名城成埃克斯、教皇之城亚维农的前后，还有许多那些逃过世纪变迁的中世纪小村落和古老的山镇。

拓展思考

1. 法国最美的十个地方是哪些？
2. 你知道普罗旺斯的美丽传说吗？

DIQIUSHANGDEHUOSHANXIAGU

地球上的火山峡谷

布赖斯峡谷—— 大地最永久秘密

Bu Lai Si Xia Gu——Da Di Zui Yong Jiu Mi Mi

位于美国犹他州南部科罗拉多河北岸的布赖斯峡谷，是以拥有形态怪异，颜色鲜艳的岩石而闻名的游览胜地。

◎布赖斯峡谷景观

　　布赖斯峡谷的命名来源于摩门教先驱埃比尼泽·布赖斯，自 1924 年起成为国家公园。它实际上并不是由河流切蚀而形成的峡谷，而是嶙峋的、呈半圆形的高原之端。峡谷内有 14 条深达 300 多米的山谷，岩石受风霜雨雪侵蚀呈红、淡红、黄、淡黄等 60 多种不同的颜色，加上光彩变幻，使岩石的色泽溢金流彩，娱人眼目。从美国布莱斯峡谷高原上瞭望，千千万万根石柱组成的石柱阵，气势磅礴，气派非凡。它令人想起中国西安的秦始皇陵兵马俑。兵马俑呈现的是人类力量的伟大，而布莱斯峡谷石柱阵所显现的却是大自然的无比威力。当地的派尤特人说："峡谷内直立

※ 峡谷奇观

的红色岩石就像站在峡谷中的人群"。

◎峡谷的形成

大约在 6000 万年以前，该地区淹没在水里，并且有一层由淤泥、沙砾和石灰组成的 600 米厚的沉积物，后来地壳运动使地面抬升。水逐渐排去，庞大的岩床在上升过程中裂成块状。岩层经风化后被刻蚀成奇形怪石。岩石所含的金属成分给一座座岩塔添上了奇异的色彩。

▶ 知识窗

　　布赖斯峡谷地带由摩门教信徒首先于 1850 年代开发，1875 年，埃本尼泽·布莱斯移居至此后命名。此附近的地带于 1924 年成为美国国家保护区，并于 1928 年被设计为国家公园。此公园面积大约为 56 平方英里（145 平方千米），因为此处偏远，所以游客数量与其他国家公园和大峡谷相比较低。

拓展思考

1. 布赖斯峡谷的形成原因是什么？
2. 布赖斯峡谷里的生态情况如何？

太行山大峡谷——"北雄风光"的典型代表

Tai Hang Shan Da Xia Gu——"Bei Xiong Feng Guang" De Dian Xing Dai Biao

太行山大峡谷位于林州市石板岩乡境内，全长 50 千米，被誉为"东方的科罗拉多"。大峡谷景区又名"百里画廊"。谷内台壁交错，雄险壮观，苍溪水湍，流瀑四挂，其间分布着形态各异的峰、峦、台、壁、峡、瀑、潭、泉、涧、溪，是'北雄风光'的典型代表。

※ 太行山大峡谷

◎峡谷全貌

太行山大峡谷位于河南省林州市境内，以其峡谷闻名。景内有三九严寒桃花开的桃花谷；三伏酷暑水结冰的太极冰山和千古之谜猪叫石三大奇观；有世界第八大奇迹——红旗渠环绕而过；有太行之魂王相岩，潭深谷幽仙霞谷，华夏第一高瀑——桃花潭瀑布；碧水环翠的太行平湖；亚洲第一的国际滑翔基地等景观。站在高处眺望，抬头是景，低头是景，左看是景，右看是景，景色迷人。国家重点风景区评审委员会专家朱畅中先生称其是"步随景移，百里画廊，人间仙境"。可以说太行山大峡谷是峰的海洋，是石的国度，是洞的世界，是水的宝庄，是植物生长的园地，是动物生栖的天堂。风光旖旎，景色奇异，汇集太行风采于奇峰涧壑之中。

◎地质地貌和气候特征

太行山大峡谷以壮、奇、险、秀闻名全国。这里不但风光旖旎，气候宜人，是难得的旅游胜地，而经过亿万年的地壳运动和岩浆侵蚀作用沉积下来的地质遗迹，又是难得的科研基地。

大峡谷独特的地形地貌主要是由于地壳的骤然隆起和凹陷形成的，属典型的中元古界、古生界地层结构，山体雄健壮美，群峰神奇秀

※ 峡谷内的茂盛的植物

异，具有地势高、起伏大、切割深、变化多等特点，较好地保持了原始状态，峡谷里众多的岩壁是典型的地质断层，不仅具有较高的地质科学考察价值，而且是登山、攀岩等野外活动的理想场所。

太行大峡谷属暖温半湿润大陆性季风气候，它的最高山峰海拔 1675米，形成独特的山区气候特征：全年冬无严寒，夏无酷暑，雨热同季。从多年平均的气候资料来看，太行山年平均气温在 10℃左右，气候条件与避暑山庄承德相近。1 月份最冷，平均气温为－5℃，平均最低气温在－10℃左右；7 月份最热，平均气温为 23℃，平均最高气温在 28℃左右，偶尔会出现高温天，但概率很低。在这里四季分明，冬长夏短，冬季长达半年，而夏季不到两个月。由于大峡谷里特殊的气候特征，使这里生长着珍稀的木本花卉、药材等植物 300 多种，特别是自然生长的亚热带树种南方红豆杉在大峡谷的出现，使大峡谷更显得神秘。

◎特色景区

紫团山

紫团山又名翠微山，抱犊山，距山西壶关县城东南 60 千米。晋代旅游家抱朴子在游历了我国名山丽川后曾写道："天下佳山者南云夷（山），北抱犊（山）。"北抱犊山就是指的这里。历史上有颂扬它的诗词百余篇及 36 景诗传世。医山腰有一形成于 30 万年前的天然溶洞，坐东朝西，每天日出日落时从洞口喷出团团紫气，所以宋代御旨改名为紫团山。紫团山海拔 1500 米，面积约 150 平方千米，整个山峰苍松翠柏，山峦起伏，形状奇异，或刻削如利剑、或怒涌如云团、或纤秀如美女、或佝偻如老翁。站立山顶之上，早观喷薄之日出，好似从崇山峻岭中托出的炎炎红球，与海边观

※ 紫团山

日出不同，是另外一翻景象；傍晚看日落，可见万道晚霞红似火，别有趣味。曾有人评价此山是"海内不可多得"的胜境。

真泽宫

真泽宫俗称奶奶庙、二仙庙，为省级文物保护单位。真泽宫占地 6900 平方米，景区以真泽宫为中心，位在紫团山区树掌镇神郊村。真泽宫坐北朝南，共有 3 进院落、主殿 3 座、配房 240 余间、碑碣 36 通，有香道、牌坊、山门、半央殿、万寿亭、钟鼓楼、寝宫、圣公母大

※ 真泽宫

殿及两侧的楼阁式配殿，有阳宫、阴宫、婴儿宫、奶水宫、梳妆楼等，所有建筑均为沙石基础，雕梁画栋、斗拱飞檐、琉璃瓦脊、红墙碧瓦，由低到高错落有致地排列在海拔 1557 米的轿顶山下。建筑结构严密，布局合理，雕石画坊、规模宏大，一派虎踞龙盘之势，是难得的旅游胜地。

五指峡、五指峰

五指峡位于王莽峡南，与王莽峡组成"人"字形。东至盘底，西到福头，全长 20 千米，景观 80 余处。主要景观景点有：高高细细、穿云刺天的"五指峰"，栩栩如生、傲视群山的石虎峰，深遂而幽绿的黑龙潭，还有"神钳峰""孤山""二仙石"等，其中以五指峰最为有名。五指峰是五指峡的入口，形状好像是伸出的五指，五指峡即因这座山峰而得名。五指峰集雄、奇、险、幽、美于一体，不仅有刀削斧劈的悬崖，又有千奇百态的山石。古人曾如此描写五指峰："五朵危崖五指开，亭亭玉立绝尘埃，惊涛忽涨清泉水，是否翻云覆雨来"。

龙泉峡

良好的气候条件使龙泉峡水丰草美，物产丰富。龙泉峡总长约 30 千米，除主峡外，还有三条支峡，分别是红豆峡、八泉峡和青龙峡。龙泉峡峡谷幽深，绝壁千仞，怪石林立，奇崖争雄，峰峦叠嶂，瀑布成群，云腾

※ 五指峡入口

※ 龙泉峡瀑布

地球上的火山峡谷

雾涌，万峰浮宙，气象万千。龙泉峡有一个从河南进入山西的古关口，叫大河关。虽然它在"文革"时候遭到了破坏，但"大河关"三个字的轮廓却还能看得出来，也能看得出古关、古桥和古栈道的痕迹。史记三国时期曹操追杀高干就是从这里破关进入太行山攻占了壶关。

▶ 知 识 窗

·民居特色——石板房·

　　游客走进太行山，都会对当地居民的石板房相当的感兴趣。每年的秋季，石板房上晒满了花椒、玉米、柿子、山楂等一些农产品，和艳丽的太行山脉融为一体，也属于太行山的一大特色。石板房是用纯石板建造的一种房屋建筑。这些房屋依山势、依地势而建，错落有致，有一种和谐恬静之美。在河南林州地区，男子几乎人人都是石匠，他们选好片层岩石，往岩纹四周打进钢钎，插入铁棍，于是便撬起了一块一丈长、三尺宽、一寸厚的石板。盖房时，将石板吊上屋顶，最后在脊上和石板块之间的衔接处平放上小石板，一座石板房便完成。房子的根基用最厚的石板铺垫使其牢固并防水防潮，墙体用较厚的石板压缝交叉砌成坚固耐用，屋顶用较薄的石板从下到上叠玉着平铺以利雨水从房坡上顺流而下，看上去似鱼鳞状。这种石板坚固耐用，夏不会因潮湿而腐烂，所以一般都可住两百来年。在著名的石板岩乡，村庄绝大部分是由石板房组成，清一色的石砌房子掩映在绿树丛中，真堪称是河南民居中的一绝。

拓展思考

　　1. 太行山大峡谷有哪些神话传说？
　　2. 太行山大峡谷有哪些荣誉？

卢森堡佩特罗斯大峡谷
—— 硝烟四起的佐证

Lu Sen Bao Pei Te Luo Si Da Xia Gu——Xiao Yan Si Qi De Zuo Zheng

卢森堡佩特罗斯大峡谷又被称为卢森堡大峡谷，是世界上著名的风景区之一，东西走向，宽约 100 米，深约 60 米，由于卢森堡特殊的地理环境，在历史上一直被视为军事重地，依借峡谷的天然岩石建造了壁垒、炮门和秘密通道的佩特罗斯要塞，这里是硝烟四起的佐证。

※ 俯瞰卢森堡大峡谷，中间便是连接新旧两个市区的阿道夫大桥

◎峡谷地理位置

登上大峡谷顶，看到在大峡谷的对面，有一座宫殿似的建筑坐落在万绿丛中，显得格外宏伟壮观，它就是卢森堡国家储蓄银行。卢森堡国家储

蓄银行创立于1856年，是卢森堡最大的金融机构之一，其总部设在卢森堡，在卢森堡境内设有96家分支机构，在美国和新加坡设有代表处。大峡谷的北端是一座高大的尖顶圆形钟楼，两旁是一座只能看见屋顶的中世纪建筑。在这些建筑的后面是卢森堡的新区，新区进去之后是商业和行政管理中央，卢森堡的中心火车站也在那里。

佩特罗斯大峡谷一旁的宪法广场，是观赏大峡谷及其两岸风光的最佳地点。宪法广场有通向峡谷的古老石阶，沿着石阶走入谷底，在繁茂树木掩映中若隐若现的溪流便显现眼前，清澈的溪水奔流在峡谷底部，在薄雾天气时观赏谷底风景，会令人越感峡谷之壮阔。大峡谷内古木参天，郁郁葱葱，林木掩映，阳光从庞大的树冠

※ 卢森堡国家储蓄银行

中穿透过来，在地上洒下斑驳的光影，抬头看去则是巍峨的连接新旧两个市区的阿道夫大桥的身影。阿道夫大桥是卢森堡的市标之一，建于十九世纪末至二十世纪初，桥高46米、长84米，是一座由石头砌成的高架桥，位于卢森堡车站西北方。该桥跨越峡谷，连接新、旧两市区，而支撑桥梁的拱门左右对称，非常壮观，是欧洲地区杰出的建筑物之一。站在大桥上放眼望去，可把佩特罗斯大峡和连接新旧市区桥梁周围的风光尽收眼底。无论是阿道夫大桥，还是立于卢森堡大峡谷北侧的宪法广场，都是观赏大峡谷及其两侧风光的最佳之地。

◎峡谷气候

佩特罗斯大峡谷位于欧洲内陆，南为法国，东为德国，西北与比利时交界。卢森堡气候特征介于大陆性气候和海洋性气候之间，四季分明，年降雨分布均匀，北部比南部气温要略微的偏低一些。每年的6月到9月是佩特罗斯大峡谷景色最优美的时候，是到大峡谷游玩的最好季节。此时卢森堡正处于夏季，但是，峡谷内的平均最高气温却只有20℃左右，平均最低气温10℃左右，日照较为充分。佩特罗斯大峡谷从11月开始进入冬季，到3月回春。冬季平均最低气温为零下1℃左右，最高气温5℃左右，

在冬季，卢森堡南部比北部更为温暖。

◎峡谷的军事意义

由于佩特罗斯大峡谷特殊的地理条件，在军事上具有重要的战略地位，在欧洲历史上，一直是法兰西、西班牙、奥地利和普鲁士等列强称雄欧洲时的必争之地。自 15 世纪起，卢森堡曾多次遭受到异邦的入侵、分割和吞并。当时为了保卫自己的领土，大峡谷的下面凿有 20 多千米长的地道，都是从坚硬的岩石中开凿出来的。其中防御通道建立在不同层面上，向下延伸 40 米，工程十分浩大。这个被称为"北部的直布罗陀"的防御体系，在 1994 年被联合国教科文组织列为世界遗产。对于大峡谷修建的地面及地下防御工程，至今留存下来的堡垒遗迹只有 10％左右，有的已被修建成公园和幽静的小道。在现代人的重建下，昔日的古战场，如今又恢复了它原来的美丽面容，成为了世界人民向往的旅游胜地；成为情侣们相互依偎、谈情说爱的温馨之地。

> ▶知 识 窗 ⋯⋯⋯⋯⋯⋯⋯⋯⋯⋯⋯⋯⋯⋯⋯⋯⋯
>
> 随着现代旅游业的发展，佩特罗斯大峡谷也在大力发展旅游业，如今在架越于大峡谷上的阿道尔夫大桥的拱门下方，可以乘坐专为大峡谷观光游览而设的露天火车"佩特罗斯快车"，在几种语言的解说中观赏峡谷的军事遗迹和自然美景，让旅行者的印象更加深刻。

| 拓展思考 |

1. 请简述卢森堡国家储蓄银行的基本情况。
2. 卢森堡在历史上曾发生过哪些战争？

澜沧江梅里大峡谷—— 中国最美的大峡谷

Lan Cang Jiang Mei Li Di Xia Gu——Zhong Guo Zui Mei De Da Xia Gu

在这个峡谷里，抬头就是一线天，一线天里还不时有苍鹰飞过，在岩壁之间盘旋。

在这个峡谷里，江水如万马奔腾，掀起排排巨浪，浪卷风起，风推着浪，猛力向岩墙撞击，发出巨大的轰鸣。

这个峡谷以谷深及长闻名，且以江流湍急而著称，是丽江旅游，香格里拉旅游线上的一个重要景点。

这就是中国最美的大峡谷——澜沧江梅里大峡谷。

※ 澜沧江梅里大峡谷

◎地理位置

位于云南德钦县境内的澜沧江梅里大峡谷，流经青、藏、滇，进入缅甸的澜沧江，在迪庆德钦县境内流程 150 千米。峡谷江面海拔 2006 米，左岸的梅里雪山卡瓦格博峰海拔 6740 米，右岸的白马雪山扎拉雀尼峰高达 5460 米，峡谷的最大高差达 4734 米，从江面到顶峰的坡面距离为 14 千米。每千米平均上升 337 米，峡谷有一个近于垂直的坡面，是云南省高差最大的地方。

澜沧江大峡谷不仅以谷深且长而闻名，还以江流湍急而著称。此外，峡谷内江水也随着四季的更换而发生着变化。冬季江水清澈而水流急，夏季江水则混浊而澎湃，该江年径流量 8.38 亿立方米。在 150 千米的流长里落差为 504 米，比降 3.4%。在江面的狭窄处，狂涛击岸，水声如雷，十分壮观。如此奇异绝妙的地理构造，如此陡峭的悬崖峭壁地形，实在是举世罕见，人间少有。

◎普桥

梅里雪山东侧古道的风险在许多人心里成了生计的一大难题，这种状况迫使人们想方设法去改变。

溜筒江桥位于德钦县佛山乡溜筒江村，是澜沧江艰险的古渡口，也是从昆明西去西藏的必经之路。茶马古道便是从这里跨过澜沧江，西越梅里雪山，进入西藏，再沿玉曲河北上邦达，往拉萨而去。在漫长的年代里，人们靠篾索桥过往这凶险之江。过桥的工具为一个大竹筒，倚此在篾索上滑过，江流因此又称"溜筒江"。1946 年，丽江、中甸的赖、马两姓大商人雇马帮从丽江驮来了英国产的大铁环，在溜筒江上建起了铁索桥。据说那铁环太大太重，一匹骡子只驮得起两个！此桥落成，人们可以从此过桥，因称"普渡桥"，也简称"普桥"，茶马古道到此，便成坦途，人马可顺利渡桥。

◎阴风口岩墙

阴风口岩墙位于澜沧江的上游，也是澜沧江最摄人心魄的景观。澜沧江流经洛马河入江口，被一堵高达 200 米的岩墙迎面堵住去路，江面陡然变窄。不知经历了多少世纪，江水像一把锋利的宝剑，把山岩劈成两半，开出了一条长约百米、宽仅 50 米的缝隙，澜沧江水一泄而过，波浪翻滚，涛声如雷。那峡风也自此寻行一条通道，从峡中阴森森地狂呼而过，东侧崖墙上劈有栈道，阴风起处，人马难以立足，山石飞落，险道避无可避。但这阴风口是北去西藏、印度的必经之地，是来往茶马古道的商旅马帮绕不过去的一个鬼门关。过去，人们为了顺利过江，便在东岩的岩墙上凿石穿木，修成栈道，北通西藏及印度。不知有多少的马队和商人滚岩落江，葬身鱼腹。如今滇藏公路也畏这阴风，在修路时拦腰劈开悬崖，直逼阴风岩下，不走峡中，而在崖上打个隧洞，穿山而过。然而，洞前洞后，阴风依旧，不知葬送了多少过往人的性命。

▶ 知 识 窗

　　澜沧江梅里大峡谷是我国最大最重要的自然保护区之一，以保护滇金丝猴等珍稀物种，以及横断山典型山地森林垂直带自然景观为主。站在澜沧江东面，眺望对岸的卡瓦格博峰，晶莹峻峭的雪峰被原始森林簇拥着，森林之下是雄险如削近乎垂直的澜沧江梅里大峡谷。在如此伟岸与崇高面前，任何词语都显得苍白无力，只能用心灵去感受那种亲历亲见的巨大震撼。

■ 拓展思考 ■

　　1. 我国有哪些自然保护区？
　　2. 澜沧江梅梅里大峡谷还有哪些著名的景点？
　　3. 澜沧江梅梅里大峡谷有哪些被国家保护的动物和植物？

地球上的火山峡谷

天山库车大峡谷—— 怒放的火焰

Tian Shan Ku Che Da Xia Gu—— Nu Fang De Huo Yan

天山库车大峡谷是由红褐色的巨大山体群组成的，当地人称之为克孜利亚，维语意为红色的山崖。红色的山石在阳光下犹如一簇簇怒放的火焰。大峡谷位于天山山脉南麓、阿克苏地区库车县以北 64 千米处，平均海拔 1600 米，最高峰 2048 米。峡谷南北走向，最宽处 53 米，最窄处 0.4 米。天山南麓群山环抱中的天山神秘大峡谷，集人间峡谷之妙，兼天山奇景之长，蕴万古之灵气，融神、奇、险、雄、古、幽为一体，身临其境者无不赞美叫绝。

※ 天山库车大峡谷

◎ 神秘的岩石

天山库车大峡谷与我们常见的大江大河上的大峡谷有很多不同之处，

它是典型的隘谷，即谷地又窄又深，两侧是陡立的崖壁，峰峦叠嶂，劈地摩天，崖奇石峭，磅礴神奇；有些地方常常狭窄得令人感到呼吸都困难。许多谷体之间只有数十厘米宽，仅容一人通过，体型稍微胖点，若想通过都会颇感吃力；峡谷的崖壁不仅陡峭高耸，而且常出现在立面上，向下凹进，在平面上呈弧形弯转的螺旋状，因此也才有了如"旋天古堡"这样的景观，在谷底向上望去，蓝天或呈一弯弧线，或完全被凸出的崖壁所遮挡，让人仿佛站在了凡尔纳的"地心之旅"的入口；谷内蜿蜒曲折，峰回路转；步步有景，举目成趣；整个峡谷犹如一条尾震天山头，口饮库河流（开口于库车河），曲身九十九的巨龙劈山而卧，呼风唤雨。

※ 令人窒息的窄谷

　　整个峡谷的山岩皆由红色砂岩、砂砾岩构成，从深沉的紫红到明快的鲜红，变幻无穷。庞大的红色山体群形成于距今 1.4 亿年前的中生代的白垩纪，经亿万年的风剥雨蚀，洪流冲刷，形成纵横交错，层叠有序的垅脊与沟槽。在天山强烈上升的过程中，这些红色岩层发生了各式各样的褶皱弯曲，加上水流侵蚀和风蚀，造成峡谷内奇峰异石，嶙峋百态。尽管没有丛林和鲜花，这里的一切却五彩斑斓，不能不让人惊叹大自然的神奇手笔。峡谷中流水带来的泥沙把河床铺垫得十分平整，两岸崖壁保存着冲蚀的痕迹，但峡谷中却很少有常年的水流。

　　可是一旦下雨，峡谷中却极易形成瞬时暴涨的洪流，这是干旱地区最显著的气象水文特征之一。因此，沿谷底突出的石包或坡麓高起的石台，多设有安全岛，有缆绳和栈道俱游人抓攀，以躲避突如其来的大雨造成的洪水。

◎主要景点

通天洞

通天洞嵌于峡谷的百米悬崖之上，洞中有洞，直冲云霄。相传唐朝时，有12名中原汉僧到西域传播佛道，经过跋山涉水、翻山越岭来到龟兹，在寻找佛缘圣山时进入大峡谷，并在通天洞里研究佛经，化羽成仙升入天界。

玉女泉

玉女泉位于峡谷深处紧靠峰基，一个高约8米、宽4米山洞的圆形顶壁上，圆形顶壁上终年有泉水滴落。每年到了冬天，这里气候寒冷，滴水成冰。日久天长，从上面滴下来的水，便凝成一个上窄下宽、重约千斤、晶莹剔透的巨大冰柱，到了第二年的三、四月份，天气逐渐的变暖，冰体也开始慢慢的溶化，宛如一个通明、体态婀娜多姿的少女，美不可言，故取名"玉女泉"。

地球上的火山峡谷

阿艾石窟

吐地阿孜是库车阿艾乡的一位维吾尔族青年，以放牧为生。他日复一日的放牧，有时候也顺便采些中草药。

1999年秋，吐地阿孜在上山采草药时无意间闯进了大峡谷，当他登上洞窟右侧的半山腰时，突然电闪雷鸣，天空在骤然间下起了大雨，在他进退两难之际，发现左侧不远处的峰崖上有一洞窟，便决定到里面避一下雨。他小心翼翼地向洞口靠近，出乎意料的是，当他钻进洞内环视四壁，看到自己的面前全是华美的壁画，竟发现这是一个从未见过的千佛洞。由于此地属库车县阿艾乡所辖，故今命名为阿艾石窟。这个浓缩着盛唐文化的历史，尘封一千多年的石窟，由此呈现在世人面前。

据科学家调查，这座石窟始建于距今1300多年前的盛唐中期，坐北朝南，南北长4.6米，宽3.5米，面积为16平方米。石窟内除了底部已经因潮湿而脱落部分外，还保留的有约15平方米的精美佛教壁画，壁画人物形象端庄华贵，色彩鲜艳绚丽，线条流利道劲，是典型的唐代中原绘画风格。在整个壁画条幅中，共有汉文墨书榜题及龟兹文题记23处，详细书写着某佛供养人的姓名，如申令光、李光晖、寇俊男、寇庭俊及彭、梁、赵等中原汉人姓氏。壁画上竟然罕有的出现了汉字，这充分体现了汉文化与龟兹文化的早期融合。

▶ 知 识 窗

　　大峡谷的神秘之处还表现在：

　　一是令人不寒而栗的阴声。阴声发生在神犬守谷景点下的半山坡或千佛洞的悬梯及高层台阶上，乃至峡谷内的客栈里，都会听到谷底处行人般擦擦的脚步声或敲门声，当你擦擦眼睛想要看个究竟时，却是声、人皆无。此时此刻，即使饱经风霜的入谷探秘探险者，也会毛骨悚然。

　　二是神犬守谷，在紧靠大峡谷入口处突兀的崖壁上，有一黑色"神犬"面谷而卧，故名神犬守谷。且神犬颜色会随着光线强弱发生变化，平时是黑色，七八月会变成黄褐色。不管光线如何变幻，神犬形状和大小不变，实乃光影杰作。

　　三是含羞水。每逢枯雨季节，在天山库车大峡谷谷内第一落差的下方，有一神奇的含羞水沿谷底时隐时现。匀手在绵沙中轻轻堵拦，溪水则含羞而潜；提脚一踏，水则向后倒流，好像豆蔻年华的少女，羞羞答答。

| 拓展思考 |

　　1. 阿艾石窟有哪些求解之谜？

　　2. 天山库车大峡谷内的气候有什么特征？

太鲁阁大峡谷—— 宝岛的三峡

Tai Lu Ge Da Xia Gu—— Bao Dao De San Xia

太鲁阁大峡谷又称"太鲁幽峡",位于中国台湾东部花莲县西北,是台湾著名的旅游胜地。大峡谷绵延20多千米,是太鲁阁公园的一部分。峡谷两岸峭壁耸立,奇峰插天;山岭陡峭,怪石嵯峨;谷中溪曲水急,林泉幽邃,具有长江三峡雄奇景观连绵不断的气势,被誉为宝岛的三峡,为宝岛八景之冠。更令人啧啧称奇的是整个峡谷全部由大理石所组成,在阳光的照射下,河床大理石闪烁着耀眼的光芒,真的是人间奇景,更是大自然的绝作。

※ 太鲁阁大峡谷

◎峡谷概况

太鲁阁大峡谷作为太鲁阁公园的一部分,2005年10月23日,由《中国国家地理》主办,全国34家媒体协办的"中国最美的地方"评选活动,评出中国最美十大峡谷,太鲁阁大峡谷名列其中。太鲁阁大峡谷是由湍流不息的溪水，经过千万年的切割而形成的，峡谷中的溪水从海拔3000多米的合欢山急流而下，到入海口只有100千米左右，许多地方每千米落差达20米到30米。水流的不断切割使峡谷越来越深，于是形成了太鲁阁大峡谷这一世界奇观。

要在这悬崖峭壁的峡谷中修路难度非常大，据说在五六十年代，国民党撤台军队近10万人在悬崖绝壁上凿石槽、打隧道、架桥梁，建成穿过太鲁阁大峡谷的台湾东西横贯公路全长300千米，其中1.9千米的九曲洞是太鲁阁大峡谷最主要。由于地势险峻，许多老兵葬身其中，许多人因此致残。

◎长春祠

长春祠位于台湾花莲县太鲁阁峡谷入口不远处，是一个集山崖、寺庙、溪流、瀑布于一身，景观迷人的景点。据了解，长春祠建于1958年，原祠堂曾于1980年因地震崩塌，三年后整建完成。1987年第二次崩塌，祠体全毁，翌年重建新祠于原址的左方。祠后垂直的山壁间，开凿出"之"字形陡直阶梯，380阶石梯蜿蜒向

※ 长春祠

上，被称为"天梯"。循"天梯"直上，可到达观音洞，洞内有观音石佛及横贯公路的施工全图；也可登上矗立山崖之上的太鲁阁楼和钟楼，居高临下，俯瞰立雾溪曲折河道和峡谷风光。长春祠里的寺庙，是为纪念在中横公路中殉职的141位工作人员而建的，黄瓦红柱，十分醒目，坐落于立雾公路对岸的崖壁下，祠旁有瀑布直泻溪谷，在祠上可观赏立雾溪周围的旖旎风光。

◎屏风岩

自长春祠进入峡谷之后，沿着溪流绕过一座座巨崖，再准备往前走的时候，倏然一座壁立万仞的大断崖出现在眼前，人们称它"屏风岩"。危崖两岸皆垂直石壁，无路可逼，只有凿岩取道。为了取光，人们凿通隧道

一侧的崖壁，开窗取光，沿途窗口不断，工程之浩大、艰难，实属罕见。

◎九曲洞

　　九曲洞是中横公路的一大奇观，到此游览的中外游客无不叹为观止。公路在此穿山凿洞而建，奇岩怪石，尖峰绝壁，道路曲折穿行于坚硬的岩壁中，为人力开凿与大自然鬼斧神工的结合。九曲洞并不是只有九个弯，而是有数不尽的回廊，这些都是当年开凿中横公路的老兵们一斧一锤凿出来的。这里处处山洞，步步断崖。九

※ 九曲洞

曲洞上有奇岩峭立，下为深谷急流；暴雨过后，径流形成无数"时雨瀑"，自峡谷轰然落下，蔚为奇观。现在的九曲洞隧道实是人车分流，游人到步道西口，下车经人行步道穿过九曲洞隧道到隧道东口，全长 1.8 千米，步行约 40 分钟。由于悬崖上经常有飞石坠落，所以游客必须戴上安全帽。

◎慈母桥

　　中横路翻山越岭，所经桥梁无数，但位于立雾溪和老西溪汇流处的一座红白相间的桥梁，却显得格外醒目，这就是著名的慈母桥。慈母桥是中国台湾省惟一一座大理石砌成的桥梁。传说高山族部落住在附近，有位山地青年要出远门挣钱养家糊口。临走之时，母亲对他说："儿啊，娘就在桥上等你，娘盼着你回来。"儿子走了，母亲就在桥上等候。这时山洪下来了，冲到桥下，水渐渐漫过桥面，母亲站在那里没有离开，水淹没了母亲的脚脖子，她还

※ 慈母桥

是没有离开，一直站在桥上望着儿子回来的路。洪水渐渐淹到母亲的腰，淹到母亲的胸，她仍然守候在桥上，一直向着儿子回来的方向望着。最后，洪水无情地将母亲卷走了。后来，当地的人为这感人的故事盖设了石桥和慈母亭。蒋经国先生听完这个故事，非常感动。他把这座新修的公路桥命名为"慈母桥"，还题了字。由于慈母桥采用了中国传统设计风格，再加上桥下河床尽为大理石的岩壁，同时由于感人的传说，所以慈母桥吸引了广大的游客前来欣赏。

▶知 识 窗

太鲁阁国家公园是中国台湾地区的第4座"国家公园"，位于立雾溪的下游、台湾中部东西横贯公路的入口处，是台湾东部山区最著名的风景胜地。太鲁阁公园以峡谷及山岳为主要地形特色，峡谷地形以立雾溪最具代表性。百万年来，丰沛的立雾溪水不断向下侵蚀，切于厚度超过1000米的大理石层，形成了今日中横公路太鲁阁到天祥间垂直壁立的U型峡谷，造就出公园中最撼人心弦的地景。公园内名列百岳的高山多达27座，主要的山峰包括了南湖大山、中央尖山、无明山、毕禄山、奇莱连峰、合欢群峰、大鲁阁大山等，都是著名风景据点、旅游圣地。

拓展思考

1. 中国台湾地区都有哪些国家公园？
2. 游览九曲洞时，为什么要戴上安全帽？

地球上的火山峡谷

大渡河金口大峡谷—— 鲜为人知的美景

Da Du He Jin Kou Da Xia Gu——Xian Wei Ren Zhi De Mei Jing

2001 年，大渡河金口大峡谷被国土资源部批准为国家地质公园，2005
年 10 月被《中国国家地理》评为中国最美十大峡谷之一。《中国国家
地理》杂志是这样评价大渡河金口峡谷的："是一个旷世深峡，堪与三峡
雄峻风光媲美的绝尘幽谷……她的旷世之美，还养在深闺中，鲜为世人所
知"。

※ 大渡河金口大峡谷

◎地理概况

大渡河金口大峡谷地跨四川省的乐山市金口河区、雅安市汉源县和凉
山川甘洛县三个市区，西起乌斯河东至金口河，全长约 30 千米，谷宽不
足 200 米，最大切割深度大于 2600 米，切割出前震旦系峨边群至二叠系

峨眉山玄武岩巨厚完美的地质剖面，就像一本巨厚的天书，记录了十多亿年来地质演化的历史。金口河大峡谷是四川境内最长、最险、最窄、最深、最奇、最幽的大峡谷，比 2133 米的美国科落拉多大峡谷深 542 米，最窄处比原来公布的世界最窄的大峡谷虎跳峡还窄。峡谷两岸奇峰突起，危岩耸立，构成各种象形景观 似人似兽，栩栩如生、重重叠叠的山峦上，绿树成阴，飞瀑跌宕。两岸飞禽走兽出没其间，绝壁深谷连为一体，令人目不暇接，叹为观止。

◎峡谷主要景点

嶂谷

金口大峡谷是以嶂谷为主要特征的大峡谷。所谓的嶂谷就是谷坡陡直深度远大于宽度的峡谷，也是 V 形谷的一种。在玄武岩、石灰岩等垂直节理发育的山区，由于地壳上升，岩石的物理性质有利于河流的下切，抗风化、抗冲蚀能力又强，谷坡不易剥蚀后退，形成比一般峡谷尤为深狭的河谷。嶂谷两岸的崖坡几乎都是直上直

※ 嶂谷

下，如劈如削。嶂谷在我国的大型峡谷中并不少见，例如太行山大峡谷即属典型的嶂谷，但大渡河水量甚大，年径流量约 480 亿立方米，而黄河的年径流量也不过 300 多亿立方米，在这样的大型河流上发育如此壮观的嶂谷式峡谷则相当罕见。而更令人称奇的是，金口大峡谷两岸的支沟，无一例外的都是呈绝壁深涧一线天的隘谷，其谷底宽度常常不足 20 米，而两岸崖坡高数百米至千米。从半山腰看下去，大渡河水是那样清澈、柔美、然而下到谷底，温柔的河水变成了不羁的野马，在群山间奔腾跳跃，发出阵阵的巨吼，抬头仰望，天空则聚为一线。

大瓦山

大瓦山是大峡谷最重要景区之一，海拔高 3236 米，山顶高出东面的

第三章 世界各地的峡谷大观
SHIJIEGEDIDEXIAGUDAGUAN

顺水河谷 1860 米，高出南面的大渡河水面 2646 米，为世界最大的孤峰状平顶山。古生代火山喷发堆积而成的玄武岩、白云岩布满大瓦山的顶部，四周环绕着 50 至 500 米不等的峭壁，仅北端的滚龙岗，通过木梯连接可以通达山顶，和"自古华山一条路"相比，其险峻陡峭有过之而无不及。远望大瓦山，如突兀的空中楼阁，又如叠

※ 大瓦山风光

瓦覆于群山之巅，与国家森林公园瓦屋山、世界文化自然双遗产地峨眉山遥相呼应，成三足鼎立之势，景色奇绝，极其壮观。登临山顶可观日出、云海、佛光，南可俯瞰雄险如削的大峡谷；北可遥望峨眉山金顶，聆听那悠扬的钟声；西可极目蜀山之王贡嘎山如玉的雪峰。大瓦山由二叠纪火山喷发的玄武岩构成，在地质结构上与峨眉山、瓦屋山相同，因而被称为"蜀中三绝"。但大瓦山与峨眉山、瓦屋山相比在地貌景观上更为奇特。从峨眉山顶望去，大瓦山像一只巨大的诺亚方舟，船舷高耸在云海之中。景区四季花香不断，景象奇绝，被美国自然科学家贝伯尔称之为"世间最具魅力的天然公园"。

▶ 知识窗

大瓦山脚下，有大天池、干池、鱼池、高粱池、小天池五个天然的高山冰川湖泊，其中最大的湖泊是大天池，它的海拔约为 1850 米，是瓦山五大天池中海拔最低的一个。据当地村民介绍，大天池的池水常年不满不溢，水中没有漂浮物。远远望去，天池里的池水黑黑的一片，显得很不干净，但如果舀起来盛在碗中却又非常清澈，就连当地村民们也不知道是什么原因。曾有地质专家到五大天池来考察过，推断这些天池很可能是大地震后形成的。

白熊沟

白熊沟是大渡河北岸的支沟，是金口大峡谷著名景观，位于乐山雅安交界处。沿着大渡河畔西行，只见两岸的崖壁越靠越近，景色也越来越清幽，不觉已置身于峡谷中乐山市与雅安市分界处的白熊沟。置身白熊沟口，脚下便是波涛汹涌、滚滚东逝的大渡河，两岸鬼斧神工拔地而起的大

山如高大的堰坝紧紧地护卫着这条母亲河，形成雄奇险峻的大峡谷，与白熊沟小峡谷构成一个世间罕见的"T"字形峡谷。白熊沟谷深 2000 余米，全长约 7 千米。其峡谷直抵大瓦山南麓，沿途深邃清幽，风景奇绝。两岸高差近千米的绝壁间，草木高悬，遮天蔽日；悬泉如练，飞瀑溅玉；如佛、如神、如兽、形态各异、栩栩如生的天然石刻，比比皆是。秋冬时银装素裹；春夏间山花烂漫，与"诺亚方舟"大瓦山构成一幅天然的神奇画卷。"白熊沟"的得名，源于此地曾为大熊猫栖息的乐园。白熊沟以"一线天"景观最为著名，谷中两山之间仅隔 20 余米，向上望去，天空似乎变成了一片小小的竹叶。

※ 白熊沟

拓展思考

1. "蜀中三绝"是哪三绝？
2. 大渡河金口大峡谷有哪些珍贵的动物和植物？

地球上的火山峡谷

长江三峡——举世无双的大峡谷

Chang Jiang San Xia —— Ju Shi Wu Shuang De Da Xia Gu

长江三峡是万里长江上的一段山水壮丽的大峡谷，为中国十大风景名胜区之一。它西起重庆奉节县的白帝城，东至湖北宜昌市的南津关，由瞿塘峡、巫峡、西陵峡组成，全长191千米。长江三峡，人杰地灵，它是中国古文化的发源地之一；著名的大溪文化，在历史的长河中闪烁着奇光异彩。大峡深谷，曾是三国古战场，是无数英雄豪杰用武之地。这里有许多名胜古迹：白帝城、黄陵、南津关等。它们同旖旎的山水风光交相辉映，名扬四海。长江三峡是世界大峡谷之一，以壮丽河山的天然胜景闻名中外。

◎瞿塘峡

瞿塘峡又名夔峡，雄踞长江三峡之首，西起重庆市奉节县的白帝城，东至巫山县的大溪镇，全长约8千米。在长江三峡，虽然它最短，却最为雄伟险峻。瞿塘峡谷窄如走廊，两岸崖陡似城垣，郭沫若过此发出"若言风景异，三峡此为魁"的赞叹。瞿塘峡西入口处，白盐山耸峙江南，赤甲山巍峨江北，

※ 瞿塘峡

两山对峙，天开一线，峡张一门，故称夔门，古称瞿塘关，形成"西控巴蜀收万壑"，瞿塘峡锁全川水的险要气势，堪称天下雄关。长江劈此一门，浩荡东泻，正如我国唐代诗人杜甫在《长江》一诗中所描写的："众水会涪万，瞿塘争一门。"咆哮的江流穿过迂回曲折的峡谷，闯过夔门，呼啸而去。游人进入峡之中，但见两岸险峰上悬下削，如斧劈刀削而成。山似拔地来，峰若刺天去。峡中主要山峰，有的高达1500米。瞿塘峡中河道狭窄，河宽不过百余米。最窄处仅几十米，这使两岸峭壁相逼甚近，更增

几分雄气。

◎巫峡

　　"巴东三峡巫峡长"，巫峡全长 46 千米，西起重庆市巫山县的大宁河口，东到湖北省巴东县的官渡口，它是三峡中既长而又整齐的一峡，所以又有大峡之称。巫峡绮丽幽深，以俊秀著称天下。它峡长谷深，奇峰突兀，层峦叠嶂，云腾雾绕，江流曲折，百转千回，船行其间，宛若进入奇丽的画廊，充满

※ 巫峡

诗情画意。"万峰磅礴一江通，锁钥荆襄气势雄"是对它真实的写照。峡江两岸，青山不断，群峰林立，船行峡中，时而大山当前，石塞疑无路；忽又峰回路转，云开别有天，宛如一条迂回曲折的画廊。巫峡两岸群峰，它们各具特色，最吸引人的就是巫峡十二峰，这十二峰全由石灰岩组成，高出江面千米左右，屹立在峡江南北，有的如腾霄汉，有的如凤展翅，有的形似画屏，有的峰若聚仙，千姿百态，引人入胜。

◎西陵峡

　　西陵峡，得名于三峡明珠——宜昌市南津关口的西陵山。西陵峡是长江三峡的最后一段，西起香溪口，东至南津关，全长 120 千米，是长江三峡中最长的峡谷，也是自然风光最为优美的峡段，北宋著名政治家、文学家欧阳修为此留下了"西陵山水天下佳"的千古名句。历史上以其航道曲折、怪石林立、滩多水急、行舟惊险

※ 西陵峡

而闻名。西陵峡中有"三滩"（泄滩、青滩、崆岭滩）、"四峡"（灯影峡、黄牛峡、牛肝马肺峡和兵书宝剑峡）。整个峡区都是高山、峡谷、险滩暗礁。峡中有峡、滩中有滩。自古三峡船夫世世代代在此与险滩激流相搏。"西陵峡中行节稠，滩滩都是鬼见愁。"西陵峡两岸有许多著名的溪、泉、石、洞，还有屈原、昭君、陆羽、白居易、元稹、欧阳修、苏洵、苏轼、苏辙、寇准、陆游、冯玉祥等众多的历史名人都在这里留下了千古传颂的名篇诗赋。中华人民共和国成立以后，经过对川江航道的多年治理和葛洲坝水利工程建成后，西陵峡中滩多水急的奇观、船夫搏流的壮景也不复再见，但美丽景观如旧。

► 知 识 窗 ···

灯影峡位于湖北宜昌县西南部，长江三峡西陵峡石牌以西。峡虽不长，但景致不凡，可谓无峰非峭壁，有水尽飞泉，峡壁明净可人，纯无杂色，如天工细心打磨而出。船行峡内，所见"无峰非峭壁，有水皆飞泉，"宛若置身在一幅幅白色纱帘掩映的画卷之中，令人心旷神怡。在峡谷南岸的白牙山顶上，有四块奇石屹立，十分酷似《西游记》唐僧师徒四人西天取经高兴归来的生动形象：手搭凉蓬、前行探路的孙悟空；捧着肚皮、一步三晃的猪八戒；肩落重担、紧步相随的沙和尚；安然坐骑、合掌缓行的唐僧。形象逼真、惟妙惟肖，栩栩如生，妙不可言。

灯影峡的一大绝景就是每当夕阳西照，晚霞透衬峰顶时，"玄奘师弟立山头，灯影联翩猪与猴。"它们面对进、出峡的航船，远远望去，就好像灯影戏幕上的剧中人，所以这段峡谷叫灯影峡。

| 拓展思考 |

1. 三大峡谷中分别有哪些风景秀丽的小峡谷？
2. 三峡水电站是什么时候开始建立的？主要作用是什么？
3. 关于三峡有哪些诗词？

地球上的火山峡谷